The series of Biostatistics

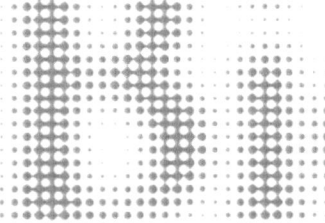

バイオ統計シリーズ ❸

シリーズ編集委員：柳川　堯・赤澤宏平・折笠秀樹・角間辰之

サバイバルデータの解析
― 生存時間とイベントヒストリデータ ―

赤澤宏平・柳川　堯　著

近代科学社

◆ 読者の皆さまへ ◆

小社の出版物をご愛読くださいまして，まことに有り難うございます．

おかげさまで，(株)近代科学社は 1959 年の創立以来，2009 年をもって 50 周年を迎えることができました．これも，ひとえに皆さまの温かいご支援の賜物と存じ，衷心より御礼申し上げます．

この機に小社では，全出版物に対して UD（ユニバーサル・デザイン）を基本コンセプトに掲げ，そのユーザビリティ性の追究を徹底してまいる所存でおります．

本書を通じまして何かお気づきの事柄がございましたら，ぜひ以下の「お問合せ先」までご一報くださいますようお願いいたします．

お問合せ先：reader@kindaikagaku.co.jp

なお，本書の制作には，以下が各プロセスに関与いたしました：

- 企画：小山　透
- 編集：大塚浩昭，田中史恵
- 組版：LaTeX／藤原印刷
- 印刷：藤原印刷
- 製本：藤原印刷
- 資材管理：藤原印刷
- カバー・表紙デザイン：川崎デザイン
- 広報宣伝・営業：冨髙琢磨，山口幸治

- 本書の複製権・翻訳権・譲渡権は株式会社近代科学社が保有します．
- JCOPY 〈(社)出版者著作権管理機構 委託出版物〉
  本書の無断複写は著作権法上での例外を除き禁じられています．
  複写される場合は，そのつど事前に(社)出版者著作権管理機構
  （電話 03-3513-6969，FAX 03-3513-6979，e-mail: info@jcopy.or.jp）の
  許諾を得てください．

バイオ統計シリーズ　刊行にあたって

　医学に関連した統計学は，臨床統計学，医薬統計学，医用統計学，生物統計学など様々な用語でよばれている．用語が統一されていないことは，この分野が急激に発展中の新興分野であり学問としてのイメージが未だ醸成されていないことをあらわしていると考えられる．特に，近年医学では根拠に基づく医学(Evidence based medicine, EBM)が重視され，EBM推進ツールの一つとして統計学が重視されている．また，遺伝子・タンパク質などの機能解析に関する方法論の開発やその情報を利用するオーダメイド医療の開発，さらに開発された医療の安全性の検証や有効性の証明など様々な場面で統計学が必要とされ，これら新しい分野で統計学は急激に発展している．従来の研究課題にこれら重要な研究課題を加えた新しい学問分野の創生と体系的発展が，今わが国で最も期待されているところである．

　私どもは，この新しい学問分野を「バイオ統計学」とよび，バイオ統計学を「ライフサイエンスの研究対象全般を網羅する数理学的研究」と位置づけることにした．

　バイオ統計学の特徴は，基本的にヒトを対象とすることである．ヒトには年齢，性，病歴，遺伝的特性など一人として同じ者はいない．また，気まぐれであり，研究の途中での協力拒否や転居などから生じる脱落データが多く，さらに人体実験が許されないなどの制約もある．その中で臨床試験のような一種の人体実験を倫理的な要請を満たし，かつ科学的に行うためには独特の研究計画や方法が必要とされる．また，交絡因子の影響を排除して，長期間観察して得られた観察データから必要な情報を抽出するための新しい方法論も近年急速に発展している．さらに，長期間継続観察をしなくても必要な情報が抽出できるケース・コントロール研究などの手法が発展しているし，ゲノムやタン

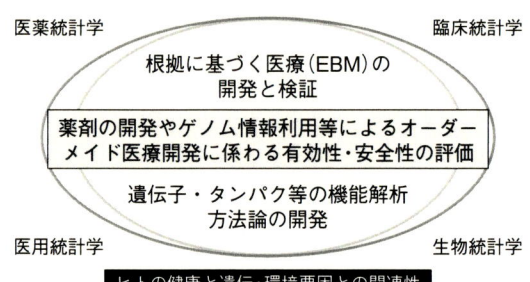

パク質の情報を臨床データと関連させ，オーダメイド医療へ道を開く統計的方法も急速に発展している．

　本シリーズは，バイオ統計学が対象とする「臨床」，「環境」，「ゲノム」の分野ごとに具体的なデータを中心にすえて，確率的推論，データ収集の計画，データ解析の基礎と方法を明快に分かりやすく述べたわが国初めてのバイオ統計学テキストシリーズである．シリーズの構成は，次のようである．

　第1巻：バイオ統計の基礎——医薬統計入門
　　　　ベイズの定理とその応用，統計的推定・検定，分散分析，回帰分析，ロジスティック回帰分析の基礎を解説する．

　第2巻：臨床試験のデザインと解析——薬剤開発のためのバイオ統計
　　　　バイオ統計学の視座に基づいて臨床試験のプロトコル作成，症例数設計，さまざまな研究デザインと解析の要点を数理的・系統的に解説する．

　第3巻：サバイバルデータの解析——生存時間とイベントヒストリデータ
　　　　生存時間データ解析とイベントヒストリデータ解析の基本的な考え方，数理，および解析の方法を懇切丁寧に解説する．（本書）

第4巻：医療・臨床データチュートリアル ― 臨床データの解析事例集
　臨床データの実例とデータ解析の事例を集め，解説と演習を提供した本シリーズのハイライトとなる事例集である．

第5巻：観察データの多変量解析 ― 疫学データの因果分析
　観察データはバイアスや交絡因子の影響から逃れることができない．これらの影響を最小にする工夫として，従来の疫学的方法論に加え，新しく発展したプロペンシティ・スコア法やカテゴリカルデータ解析法を解説する．

第6巻：ゲノム創薬のためのバイオ統計 ― 遺伝子情報解析の基礎と臨床応用　ゲノムサイエンスの基礎，および遺伝子情報の臨床利用に関わるバイオ統計学として遺伝子マーカー解析を解説する．

　本シリーズの各巻は，久留米大学大学院医学研究科バイオ統計学修士課程，東京理科大学医薬統計コース，富山大学医学部，新潟大学医学部などにおいて過去4年間にわたって行われた講義の講義ノートに基づいて執筆されている．したがって，簡明で，分かりやすい．また，数式なども最低のレベルにおさえられており，臨床試験にかかわる医師，薬剤師，バイオ統計家，臨床コーディネータ (CRC) などが独習できるように工夫されている．本シリーズの各巻がバイオ統計学テキストとして大学や社会人教育の場において，広く採用され，バイオ統計学発展の礎となればこれに優る喜びはない．

　最後になるが，本シリーズは平成15年度文部科学省科学技術振興調整費振興分野人材養成プログラムに採択され久留米大学大学院医学研究科に開設されたバイオ統計学修士・博士課程講義の中から生まれた講義テキストを編集し直したものである．ご支援いただいた文部科学省科学技術・学術政策局，独立行政法人科学技術振興機構 (JST)，ならびに久留米大学の皆様に心より感謝申し上げる．

シリーズ編集委員一同
柳川 堯, 赤澤 宏平, 折笠 秀樹, 角間 辰之

まえがき

　本書は，バイオ統計学シリーズ（全6巻）の中で生存時間データ（サバイバルデータ）の解析に関する理論や技法を取り扱ったテキストである．生存時間解析は，この10年間，医学，保健，看護の各分野で頻繁に用いられるようになった．対象症例の生存率の推定，複数の生存率曲線の有意差検定，生存予後規定因子の同定の結果が，それぞれの分野の論文誌で頻繁に公表されるようになった．このような生存時間解析の重要性に鑑みて，本書は，バイオ統計学の1ジャンルとして生存時間解析の理論的研究を目指す学生や生存時間データの解析を行う高度職業人向けに，生存時間解析の基礎を学習してもらうことを目的として執筆した．

　本書の特徴は以下の3点に集約される．

(1) 新潟大学医学部と久留米大学大学院バイオ統計学修士課程で長年講義に用いた講義録を体系的にまとめたことである．したがって，生存時間解析の最低限習得すべき基本事項はすべて網羅されている．

(2) 生存時間解析の実践的な技術の習得に役立つように，定義や公式に具体的な例をできるだけ多く付加している．

(3) 生存時間解析の理論的な研究に資するために，必要に応じて理論の展開を数式により記述している．

　生存時間データ（サバイバルデータ）という用語について，若干の注意を与えておかなければならない．生存時間データは Time to event data のひとつである．Time to event data は，(1) イベント（事象）が発生するまでの時間，(2) イベント発生の有無および (3) 対象者の先天的要因や後天的要因などの情

報,の3つを一まとめにしたデータのことをいう.したがって,本書の理論や解析方法は,「生存」のみならずいろいろな分野や事例に適用可能である.具体的には,イベントとして疾患の発症,事故の発生,退院,治癒などが挙げられるが,医学・保健学分野での典型的な例として一番多く用いられるのは死亡である.したがって,本書では主に,ある始点から死亡までの時間,すなわち,生存時間を Time to event data の代表として取り上げる.

生存時間は上で述べたように,死亡が発生するまでの時間を計測するが,死亡が発生する前に観察が中止されることがある.すなわち,経過観察の「打ち切り」データの存在が生存時間データの大きな特徴である.この打ち切りデータがあることにより,通常の推定,検定手法が利用できず生存時間特有の解析手法を使わなければならない.この点に注意して本書を読み進めることが肝要である.

本書の第1章では,本書で用いられる生存時間データの定義と特徴,いくつかの解析事例を示している.解析事例では,無作為化臨床試験の治療効果判定,特定の疾患の生存予後規定因子(リスク因子)の同定,生存予後の予測モデルの構築を挙げている.本章は生存時間解析の概要を把握するのに役立つと思われる.

第2章は,生存率関数,ハザード関数,確率密度関数の定義と相互の関係について説明している.数式が多く理解するのに難儀する人もいるかもしれないが,本書を読み進める上で基礎となるところなので多少我慢して定義や公式を熟読いただきたい.

生存率の推定方法や生存率曲線の有意差検定のプロセスと具体例を第3章,第4章で解説している.公式の導出方法については,章末に付録として示しているので興味ある人は参照されたい.この二つの章はデータ解析の実務者や理論の研究者にとってともに重要な章となる.

第5章,第6章は,生存時間解析における回帰モデルとして,指数モデル,ワイブルモデル,比例ハザードモデルを中心に解説している.特に,第6章では,Cox の比例ハザードモデルの理論と利用例,留意点が初心者にもわかりやす

いように平易な言葉で説明されている．理論的な説明がなされている 6.2 節，6.3 節は，生存時間解析の研究者向けに書かれているので初心者は割愛してもよい．

臨床試験などでは，生存時間が治療効果判定の評価尺度となることがある．したがって，信頼性の高い治療効果判定を行うためには臨床試験開始前に必要症例数を正しく算出しなければならない．第 7 章では，その算出プロセスについて解説している．本書では特に，予後因子の分布や打ち切り例の発生分布を考慮に入れた症例数の算出を行うために，シミュレーション技法の解説もしている．

第 8 章では，生存時間解析の研究事例として，症例の不均一性がログランク検定に与える影響とその影響を除去するための回帰モデルの事例，無作為化臨床試験等で比較する 2 群の割付不均等がログランク検定に与える影響について議論している．

第 9 章と第 10 章は，ヒストリーイベント解析の理論とその実例に関する研究事例が述べられている．

なお，第 1 章から第 8 章までは赤澤が，第 9, 10 章については柳川が執筆した．

本書によって，バイオ統計学の理論的な研究者，生存時間解析を使って新たな知見を得ようとする研究者，ならびにデータ解析実務者等が，生存時間解析に関してより深い理解を得ることができ，この分野の発展と社会的貢献に役立てることができることを祈念してやまない．最後に，本書の出版に関して近代科学社の小山透さんと田中文恵さんに大変お世話になった．心より感謝申し上げたい．

赤澤　宏平，柳川　堯
2010 年 4 月 30 日

目 次

第1章 生存時間解析の概要　　1

1.1 生存時間データの特徴 2
　1.1.1 打ち切り例の例 2
　1.1.2 イベント観察例と打ち切り例の混在 3
1.2 生存率曲線 5
1.3 回帰モデル 7
1.4 医学研究におけるいくつかの事例 8
　1.4.1 治療効果判定 8
　1.4.2 リスク分類の精緻化 10
　1.4.3 生存率の予測—肝硬変症患者の生存予後に重大な影響を与える因子の探索— 13

第2章 生存率関数の定義と推定　　17

2.1 生存率関数, 確率密度関数, ハザード関数 17
　2.1.1 生存率関数 17
　2.1.2 T が連続である場合 18
　2.1.3 T が離散である場合 21

第3章 生存率の推定と生存率曲線　25

- 3.1 生存率推定の事例 25
- 3.2 Kaplan-Meier 法による生存率推定の例　—その1　仮想データでの推定— 26
- 3.3 Kaplan-Meier 法の公式 29
- 3.4 Kaplan-Meier 法による生存率推定の例　—その2 30
- 3.5 生存時間の中央値 32
- 3.6 推定生存率に対する漸近分散 33
- 3.7 Kaplan-Meier 法以外の生存率の推定方法 34

第4章 生存率の差の検定　39

- 4.1 生存率曲線の差の検定 39
- 4.2 生存率曲線の比較の事例 39
- 4.3 ログランク検定（2群比較の場合） 41
- 4.4 ログランク検定（3群以上の場合） 42
- 4.5 2群比較の場合の別の定式化 45
- 4.6 ログランク検定の計算例 46
- 4.7 生存率曲線の有意差検定の事例—小児特発性ネフローゼ症候群患者の在院率解析— 47
- 4.8 層別ログランク検定 50
- 4.9 ハザード比 51
  - 4.9.1 ハザードの計算例 51

第5章 生存時間解析における回帰モデル　55

- 5.1 打ち切り時間の分布 55
- 5.2 ランダム・センサリングの例 56

	5.2.1　タイプ I センサリング	56
	5.2.2　タイプ II センサリング	56
5.3	ランダム・センサリングに基づく尤度関数	57
5.4	生存時間モデルの尤度関数の例	57
	5.4.1　タイプ II センサリングの下での指数モデルの尤度関数	58
	5.4.2　タイプ II センサーシップ以外の独立センサリングメカニズムでの尤度関数	58
	5.4.3　タイプ I センサーシップの下での尤度関数	58
5.5	回帰モデルのパラメータ推定　—最尤推定法の適用—	59
5.6	生存時間モデル	59
	5.6.1　均一な母集団における生存時間モデル	60
	5.6.2　指数モデルに従うハザード関数, 生存率関数	60
	5.6.3　ワイブルモデル	64
	5.6.4　対数正規モデル (log-normal model)	66
	5.6.5　モデルの適合性チェックの例	67
	5.6.6　共変量がある場合の生存時間回帰モデル	69
	5.6.7　共変量がある場合の指数回帰モデルとワイブル回帰モデル	70
5.7	離散型生存時間モデル	73
	5.7.1　離散型比例ハザードモデル (discrete proportional hazards model)	74

第 6 章　比例ハザードモデル　　79

6.1	比例ハザードモデルの定義と性質	79
	6.1.1　ハザード関数, 生存率関数	79
	6.1.2　予後指数	80
	6.1.3　指数モデル, ワイブルモデルとの関係	81
	6.1.4　比例ハザードモデルの特徴	81

- 6.2 比例ハザードモデルの尤度関数 83
  - 6.2.1 部分尤度 83
  - 6.2.2 回帰係数 β の推定 84
- 6.3 Cox モデルを仮定した下での生存率関数の推定 85
- 6.4 Cox モデルの下での生存率関数推定の例 87
- 6.5 モデルの適合性のチェック 87
  - 6.5.1 グラフによるモデルの適合性チェック 89
  - 6.5.2 時間依存型共変量を使った適合性チェック 90
- 6.6 Cox モデルの解析事例 90
- 6.7 ハザード比の利用例 94

第 7 章 生存時間解析における必要症例数の推定 99

- 7.1 症例数と検出力の関係 99
  - 7.1.1 症例数の過多や不足が検定結果に及ぼす影響 99
  - 7.1.2 第 2 種の過誤と検出力 100
- 7.2 ログランク検定におけるサンプルサイズ算出の公式 101
- 7.3 症例数算出用のソフトウェア 103
- 7.4 シミュレーションによる症例数と検出力の関係の推定 106
- 7.5 Cox の比例ハザードモデルの統計学的検出力の推定 108
- 7.6 シミュレーション用プログラムの概要 109
  - 7.6.1 シミュレーション用生存時間データの生成 110
  - 7.6.2 死亡例と打ち切り例の決定 111
  - 7.6.3 回帰係数ベクトル β とその漸近分散の推定 112
  - 7.6.4 注目している変数に関する β の有意性検定 113
- 7.7 シミュレーションによる検出力算出の例 113
  - 7.7.1 シミュレーション結果 1：治療因子と他の共変量との間に不均等が存在する場合 113

7.7.2 シミュレーションの結果 2：追跡不能例, 脱落例が存在する場合 114

第8章 その他のトピックス　121

8.1 競合リスクモデル 121
    8.1.1 全リスク要因を対象としたイベント無発生率 121
    8.1.2 特定のリスク要因に関するイベント無発生率 (cause-specific event free survival) 122
    8.1.3 競合リスク要因の生存率推定の理論的背景 122

8.2 症例の不均一と検出力との関係 125
    8.2.1 ログランク検定を適用する際の問題点 125
    8.2.2 症例の不均一性のログランク検定の検出力に与える影響について 128
    8.2.3 折れ線 Cox 回帰法 131

8.3 予後因子の不均等のログランク検定のサイズへの影響について 137
    8.3.1 予後因子の不均等がログランク検定に与える影響 ... 137
    8.3.2 不均等度・不均一度の定義 138
    8.3.3 不均等度 V の分布 138
    8.3.4 不均等度がログランク検定のサイズに与える影響 ... 139

第9章 イベントヒストリー解析　143

9.1 イベントヒストリー解析とは何か 143
9.2 定式化 145
9.3 尤度関数 150

第10章 イベントヒストリー解析の実例　　155

 10.1 データ 155
 10.2 解析結果 157
 10.3 解析ソフト 159
  10.3.1 統計ソフト R 159
  10.3.2 データおよび解析ソフト 159

巻末付録 162

索引 167

第1章　生存時間解析の概要

　生存時間解析の各論に入る前に，医学研究や臨床で使われる生存時間解析の概要を実例を挙げながら説明する．

　生存時間データは，他の生物統計データとは異なる特徴をもつ．それは，観察期間中に興味あるイベント（たとえば，死亡）が発生したデータと，イベントが発生せずに観察を終了したデータに区別されることである．後者を，観察が途中で打ち切られるまでの時間ということで，**打ち切り時間 (censored survival time)** と呼ぶ．また，観察が打ち切られた症例を本書では**打ち切り例 (censored case)** と呼ぶ．

　実データでは打ち切り例がイベント発生症例と混在するので，生存時間分布を特徴づける際に，たとえば，「平均値±標準偏差」とか「比率とその95％信頼区間」などの，通常用いる統計量は使うことができない．その代わりとして，生存時間データの分布を描出するために生存率曲線が使われる．また，生存時間と他の因子（臨床所見，遺伝情報，環境因子など）との関係を表すための回帰モデルも，生存時間解析では特別なモデル化を必要とする．本章では，生存時間データの特徴，生存率曲線，生存時間解析に特有な回帰モデルの概要を説明する．

　本書では，生存時間データをもつ一例一例の個体，患者，対象のことを「症例」と呼ぶことにする．同様に，観察開始時点からある事象発生までの時間のことを Time to event と呼ぶべきであるが，特に断りのない限り「**生存時間 (survival time** もしくは **time to event)**」と呼び，前述の「ある事象」のことを**イベント (event)** と呼ぶ．たとえば，手術日から再発が確認される日までの時間を問題とする場合には，イベントは再発で，生存時間のことを無再発時間と呼ぶ．また，診断日からその疾患による死亡が確認されるまでの時間

の場合には，イベントは死亡である．

生存時間データ（time to event data または survival time data）における**評価尺度 (endpoint)** とは，手術日から死亡までの時間（生存時間），無再発期間，在院日数，喫煙を始めてから特定疾患を発病するまでの期間などをさす．評価尺度は，研究の目的に応じていろいろな定義が存在する．特別な例としては，臨床試験により新しい制癌剤の有効性を主張するための評価尺度として，生活の質（quality of life，たとえば，生活可能度や痛みの程度）がある一定以上保たれている期間を用いることもある．

1.1 生存時間データの特徴

生存時間データが他の医学・医療データと大きく異なる点は，調査の対象となるイベントが起こる前に観察が終了した症例，すなわち，**打ち切り例 (Censored case)** が存在することであると上で述べた．このことをもう少し詳しく説明する．収縮期血圧のデータでは，たとえば 125 という値はその症例の血圧値として一つにきまるが，生存時間データでは，たとえば，45 ヶ月という値には二つの解釈が成り立つ．一つは興味あるイベントが発生した時点の値，もう一つは何らかの理由でイベントが発生する前に観察が打ち切られた時点の値である．つまり，**生存時間データは「時間」と「イベント発生の有無」の二つがペアになったデータ**である．

生存時間データでは，打ち切り例，打ち切り時間を考慮した特別な解析方法を用いることになる．市販の統計解析ソフトウェアの「生存時間解析」のメニューを開くと，生存時間解析特有の解析手法と機能があり，正しい知識と使い方を身につけておく必要がある．

1.1.1 打ち切り例の例

例 1-(1)-1 フォローアップ中途での打ち切り例

胃癌摘出術を受けた患者Aさんは，手術後，定期的な検査を受けるために来院する．また，Aさんががん登録事業に参加している医療機関を受診している場合，1 年に 1 回，生存予後の調査を受ける．もし，生存していれば，〇〇年〇〇月〇〇日現在生存中という情報が得られる．ところが，このような追跡調査

を実施して数年後に突然の転居や事故により，来院予定日に来院しなかったり連絡が途絶えることがある．このような状況では，前年のたとえば，平成○○年○月○日時点では，**生存が確認できたが，それ以降の生死の情報は入手できない**．このような症例が観察途中での打ち切り例である．

例 1-(1)-2　フォローアップ終了による打ち切り例

　上の例とは別の事例として次の例も打ち切り例である．それは，胃癌患者の追跡（フォローアップ）調査を 5 年間かけて行う研究の場合，5 年目で追跡を打ち切る場合である．この事例では，**胃癌患者 B さんは胃癌摘出後 60 か月目では生存中である**という情報だけが得られ，たとえ B さんが 61 か月目で死亡したとしても研究期間の対象外なので，その死亡情報は収集されず解析に生かされない．

1.1.2　イベント観察例と打ち切り例の混在

　上の例でわかるように，生存時間には，"**観察開始時点からイベント発生時点までの生存時間**"（イベント観察例の生存時間）と"**ある時点までは生存していたという最終生存確認日までの生存時間**"（打ち切り例の生存時間，すなわち，打ち切り時間）の 2 種類があり，これらが混在している．

　生存時間データの具体例を図 1.1 に示した．横軸はカレンダー時間（たとえば，年・月・日）であり，1990 年 1 月が研究開始時点を表している．図 1.1 の場合，二つの治療法のいずれかをもつ症例が 1 から 10 の順に登録されている．図 1.1 の 10 例について，治療法 A と B にグループ化して，さらに診断時点・治療開始時点を同じスタート時点に移動させたものが図 1.2 である．これらの図から分かることを列挙した．

1) 症例 1 と症例 2 は追跡期間中に死亡が確認された．
2) 症例 3 は，観察期間終了時点で生存が確認された．観察期間終了後は追跡調査を行わない．
3) 症例 4 は，1990 年 4 月ごろに登録されたが，観察期間の途中で転居による行先不明，研究への協力拒否などで観察不能となった．
4) 症例 3, 症例 4 は，最終生存確認時点までの生存は確認されたが，その

4   第 1 章　生存時間解析の概要

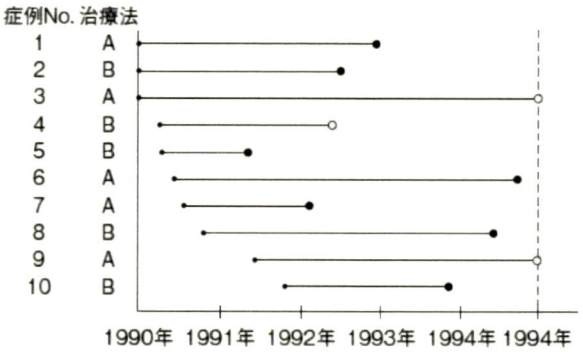

図 1.1　臨床試験における生存時間データ．●はイベント発生，○は打ち切り発生を表わしている．

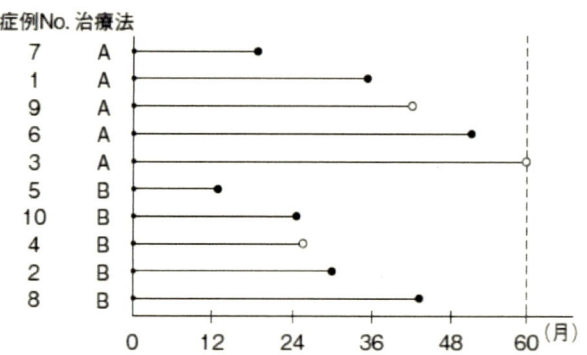

図 1.2　図 1.1 の登録時点をそろえた場合の生存時間データ

後，いつ死亡したかは不明である．症例 3, 症例 4 が打ち切り例であり，それらの生存時間データは打ち切りデータである．

症例 5 から症例 10 までも同様に解釈できる．

　生存時間データを使った統計解析（生存時間解析）の大きな特徴は，この打ち切り例の処理の仕方にある．これは，通常の実験データなどに適用される基本統計量や検定手法を直接には利用できないことを意味する．たとえば，図 1.3 は図 1.2 で示された生存時間を治療群 A, B 別にプロットしたものである．

図 1.2 と同様に,黒丸は死亡例,白丸は打切り例であり,両者は性質の異なるデータである.治療法 A と B とで,生存時間に有意な差があるかどうかを調べたいのだが,黒丸と白丸が混在する各治療法の生存時間分布に対して,平均値±標準偏差などの推定や t-検定は適用できない.また,通常の 2 群の分布比較に使われる Wilcoxon の順位和検定(Mann-Whitney の U 検定とも呼ばれる)を行うための順位づけも白丸と黒丸が混在するので一筋縄ではいかない.

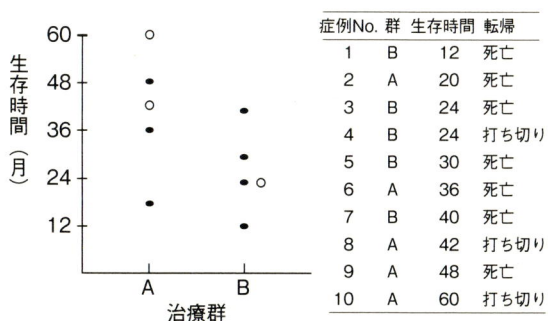

図 **1.3** 死亡例と打ち切り例が混在する生存時間データの例.図 1.2 を表とグラフで表した.

そこで,生存時間データを解析するための特別な手法が開発されてきた.たとえば,生存時間分布を生存率曲線で表し,この生存率曲線を特徴づける基本統計量として**中央値**(**median survival time**:生存率 50%に対応する生存時間)や 25%点, 75%点を用いる.また,2 群の生存時間分布の有意差検定は t-検定や通常の Mann-Whitney の検定ではなく,**ログランク検定 (log-rank test)** や Gehan の**一般化 Wilcoxon 検定**を用いる.これらの推定法,検定法について,それぞれ,第 3 章,第 4 章で詳しく説明する.

1.2　生存率曲線

生存時間データの解析では,**生存率曲線 (survival curve)** の描出と複数の**生存率曲線の比較**が行われる.生存率曲線の描出は生存時間分布の推定を意味しており,**Kaplan-Meier 法**(**Kaplan-Meier estimate** もしくは

product limit estimate）により階段関数を作る．また，複数の生存率曲線の有意差検定は，ログランク検定により行われる．

図1.4は，肝硬変症患者の診断日を基点，イベントを死亡としたときの生存率曲線である．下の線は診断時点ですでに腹水がある群の生存率曲線，上の線は診断時点で腹水がない群の生存率曲線である．生存率曲線の横軸は生存時間，すなわち，この場合には肝硬変症と診断されてからの生存時間である．縦軸は生存率で0から1，もしくは，パーセント表示されることもある．生存率曲線は図1.4で示されるように右下がりの階段関数で表され，死亡が発生した時点で生存率が下がる．図中の生存率曲線の上に，打ち切り例（この場合は，観察途中での**追跡不能例 (lost to followup)**）の発生時点に小さな縦棒をつけることもある．

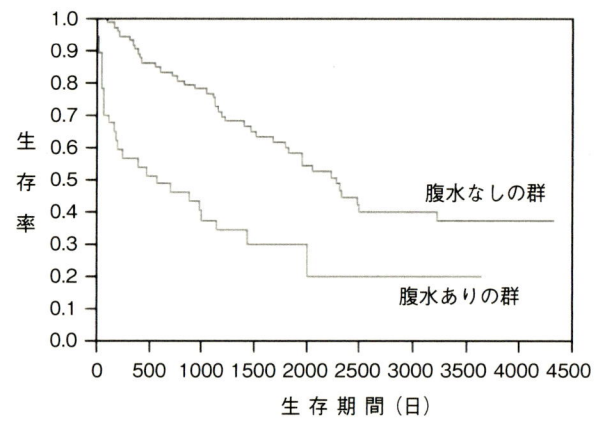

図 **1.4** 肝硬変患者の腹水の有無別に見た生存率曲線

図1.4を作成するための生存時間は日数で取られており，同じ生存時間で同時に数例が死亡することはまれである．にもかかわらず，500日以内の生存時間で死亡例が発生すると生存率の下がり方は小さく，1000日以上になると大きくなっていることがわかる．この理由は，Kaplan-Meier法で生存率を推定する際に，死亡時点の直前まで生存していて，その次の日に死亡が発生する条

件付確率の積で生存率を求めていることによる.100例の生存例がいる中で1例が死亡する場合の条件付確率と10例の生存例の中で1例が死亡する場合のそれとでは,重みに大きな違いが出てくる.

腹水ありの群となしの群の生存率曲線に有意な差があるかどうかを,ログランク検定で検定するとp値<0.01であり,有意水準5%で2群に差があることが示される.このような群間比較は,3群以上の比較でも可能である.ログランク検定以外にも,**Peto-Prentice検定 (Peto-Prentice test)** があり,生存時間の短い部分により大きな重みづけをしたいときに有効である.また,群分けコードに順位がついている場合,たとえば,臨床進行期 I, II, III, IV のような場合,この順番で生存率に有意差があるかどうか検定する方法として傾向性検定がある.

1.3 回帰モデル

生存時間解析の回帰モデルでは,重回帰モデルのように,生存時間そのものを従属変数にすることはできない.理由はやはり「打ち切り例」が存在するからである.

そこで,生存率解析の回帰モデルでは,生存時間そのものを従属変数とするのではなく,ハザード(**hazard**, 瞬間死亡率),すなわち,ある時点まで生存したという条件の下で,次のごく短時間で死亡する確率をその短時間あたりに換算した率を従属変数として,ハザードが生存予後因子(疾患の重症度,生活歴,遺伝素因など)によってどのくらい影響を受けるのかをモデル化する.ハザードのモデルができると,ハザードから生存率関数(生存率曲線)を作成することは理論的に可能となり,「48歳,男性,疾患重症度III,の人の5年生存率は76%である」という推定が可能になる.研究者あるいは臨床医の興味の一つは,複数の予後規定因子の値から生存率を予測するということであるが,生存時間と予後規定因子との直接的な関係はモデル化せず,ハザード関数を経由してこの目的を達成している.

生存時間データでの回帰モデルとして,臨床論文等で最も頻用されるモデルは **Cox の比例ハザードモデル (Cox's proportional hazards model)** である.この **Cox モデル**は,指数モデルやワイブルモデルを包含している.

ただし,指数モデルやワイブルモデルは,ハザードをいくつかのパラメータで明確に記述するのに対して,Cox モデルでは,これらのパラメータ以外に,ハザード関数にベースラインハザード関数という任意の正値関数を含めて記述する.このベースラインハザード関数は,得られた生存時間データに基づき後づけでこの関数形を決める.つまり,Cox モデルはあらゆる生存率曲線を柔軟に表現できる.

1.4 医学研究におけるいくつかの事例

生存時間解析は,ある疾患を罹ってから,あるいは,治療を開始してから関心のあるイベントが発生するまでの時間を評価尺度とすることが多い.臨床研究や疫学研究での典型的な事例として,以下の研究が挙げられる.

(1) 治療効果判定
新しい治療法が無治療または従来の標準治療法に比べて延命効果があるのかどうか評価したい.

(2) リスク分類の作成・精緻化
ある病気について,生存予後を評価尺度としたリスク分類(病気分類)を作成したい,あるいは,精緻化したい.

(3) 生存率の予測
予後規定因子に関する情報(たとえば,48 歳,男性,飲酒暦 25 年,血清アルブミン値が 3.6)から,その症例の生存率もしくは生存余命を予測する.

以下では,これらの具体的な研究事例を解説する.詳しくは参考文献 (Sugimachi et al.[1], Noguchi et al.[2], Kobayashi et al.[3], Tsuji et al.[4]) を参照されたい.

1.4.1 治療効果判定

(1) の研究は,生存時間を評価尺度とする臨床試験の事例である.臨床試験も,第 I 相試験,第 II 相試験,第 III 相試験などに分けられるが,新治療法が従来の治療法に比べて有意な延命効果があることを確証的に示すためには,第 III 相無作為化臨床試験の実施が必要となる.

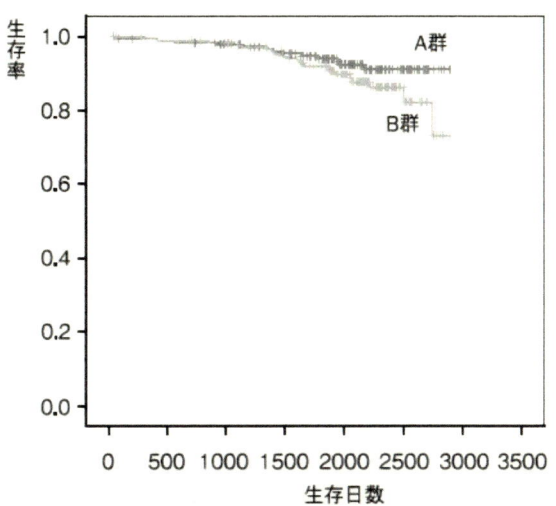

図 1.5 ER 陽性の原発性乳癌切除症例に対する TAM 単独治療法（A 群）と TAM+UFT 併用群（B 群）の生存率曲線

乳癌患者に対する化学療法と免疫療法の併用が延命効果をもたらすかどうかを，臨床試験により調べた (Sugimachi et al.[1])．1988 年から 1991 年にかけて，臨床進行期 II の原発性乳癌で腋窩リンパ節郭清を伴う乳房切除術を受けた患者 594 例を対象とした．追跡期間は 5 年間で，主要評価尺度と副次的評価尺度はそれぞれ生存時間と無再発期間である．無作為化割付は層別ブロック化法により行われ，治療法はエストロゲンレセプター (ER) 陽性，陰性で別の治療法が実施された．ER 陽性の症例には TAM 単独（A 群）と TAM+UFT 併用（B 群）のいずれかが実施され，ER 陰性の症例には UFT 単独（C 群）と UFT+TAM 併用（D 群）が実施された．各群の 5 年生存率は，A 群が 94.0%, B 群が 92.0%（図 1.5），C 群が 86.5%, D 群が 84.3%（図 1.6）であった．A 群と B 群, C 群と D 群の生存率曲線の有意差検定をログランク検定で行うと，それぞれ p=0.159, p=0.653 で有意差を認めなかった．無再発期間について同様な解析を行ったところ，これらも有意差を認めなかった．

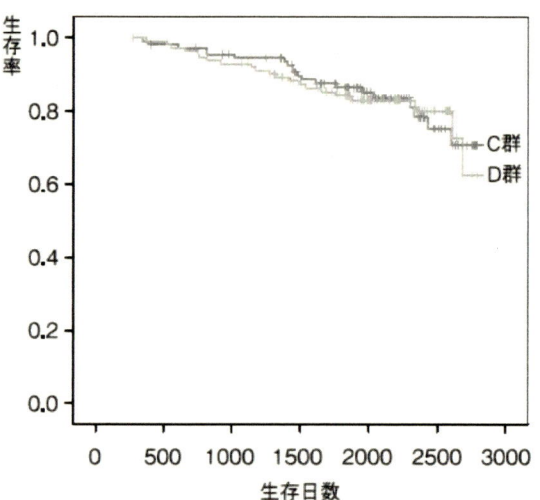

図 1.6 ER 陰性の原発性乳癌切除症例に対する UFT 単独群（C 群）と UFT+TAM 併用群（D 群）の生存率曲線

1.4.2 リスク分類の精緻化

それぞれの疾患で生存予後を精確に予測できるスコアリングシステム（病期分類）を作ることは，治療法の選択や生活指導を行う上で有用である．肝細胞がん (Hepatocellular carcinoma, HCC) 患者の予後予測のスコアリングシステムとしては，奥田分類，Child-Pugh 分類，CLIP スコア，JIS スコアなどがあり，臨床の場で重用されてきた．一般に HCC の予後は，がんの進行度だけでなく肝予備能に大きく左右される．がんの進行度と肝予備能の両方を加味した HCC の統合スコアリングシステムとしては CLIP と JIS の二つがあり，それぞれの有用性が評価されつつある．ここでは，生存時間解析用の多変量回帰モデルである Cox の比例ハザードモデルを使って，CLIP と JIS の補完要因を探索し，これら二つのスコアより精緻化したスコアリングシステムを作る (Kobayashi et al.[3])．

解析に用いた HCC 患者のデータは，1993 年から 2003 年にある肝疾患研究会で HCC と診断された治療歴のない 1,070 例である．解析に用いた変数は表 1.1 に示す 23 因子である．

表 1.1 肝細胞がんにおけるリスク分類の精緻化に用いられた変数

因子	カテゴリー名（人数）			
診断時年齢	中央値 67 歳　範囲 28〜91 歳			
性別	男 (763)	女 (307)		
HCV	陽性 (730)	陰性 (340)		
HBV	陽性 (236)	陰性 (834)		
診断方法	病理学的診断 (67)	MRI (70)	CTHA/CTAP (54)	
	Dynamic CT (381)	Conventional CT (381)		
	超音波検査 (117)	アンギオグラフィー (241)		
CT での濃染の有無	あり (1001)	なし (69)		
Child-Pugh 分類関連の因子				
腹水	なし (928)	中程度 (87)	高度 (55)	
肝性脳症	なし (1027)	1〜2 (35)	3〜4 (8)	
総ビリルビン値	<2 (965)	≧ 2&≦ 3 (73)	>3 (32)	
アルブミン値	>3.5 (714)	≧ 2.8&≦ 3.5 (306)	<2.8 (50)	
プロトロンビン活性 (%)	>80 (559)	≧ 50&≦ 80 (397)	<50 (114)	
Child-Pugh 分類	A (715)	B (301)	C (54)	
CLIP 分類関連の因子				
腫瘍形態	単結節型かつ占居部位 50%以下 ≦ 50 (628)			
	多結節型かつ占居部位 50%以下 ≦ 50 (354)			
	塊状型もしくは占居部位 50%以上 >50 (88)			
AFP	<400 (814)	≧ 400 (256)		
門脈塞栓	あり (887)	なし (424)		
CLIP 分類	0 (362)	1 (343)	2 (186)	3 (93)
	4 (50)	5 (32)	6 (4)	
TNM 分類関連の因子				
単発	あり (646)	なし (424)		
腫瘍径	≦ 2 (317)	>2 (753)		
脈管浸潤	あり (855)	なし (215)		
転移	あり (35)	なし (1035)		
T 因子	1 (224)	2 (387)	3 (332)	4 (127)
TNM 分類	I (224)	II (377)	III (322)	IV (147)
JIS 分類	0 (155)	1 (347)	2 (291)	3 (181)
	4 (81)	5 (15)		

新スコアリングシステムは次の手順で作成する.
a) 単変量解析で生存率に有意な影響を与える因子を抽出する.
b) (a) で抽出された因子の各カテゴリーで比例ハザード性が成り立つかどうかをチェックする.
c) 折れ線関数ハザードモデルによる Cox 解析を行う (Akazawa et al.[4] Nakamura et al.[5]).
d) スコアリングモデルの AIC を新スコア, CLIP, JIS について求める.

ログランク検定による単変量解析 (予後規定因子の 2 群以上のカテゴリーの生存率に有意な差があるかどうかを調べるための解析) の結果, 診断時年齢, 性別, HCV 抗体の有無, HBV 抗体の有無を除くすべての因子で, カテゴリー間に有意な差が認められた. これらのうち, どの因子を使ってスコアリングシステムを作るかが次に問題となる.

HCC 患者のリスク分類で国際的に使われているイタリアの CLIP 分類と日本の JIS 分類の共通因子に注目し, 新たなスコアリングシステムを構築する. 両者に共通の因子は Child-Pugh 分類, AFP, 腫瘍径, 転移の有無の 4 因子であり, 折れ線ハザードモデルによる Cox 解析 (Akazawa et al.[4]) を使って表 1.2 の新スコアリングシステムを構築した.

表 1.2 肝細胞がん患者の精緻化された新リスク分類

因子	スコア			
	0	1	2	3
Child-Pugh 分類	A	B	C	—
AFP	<400	≧400	—	—
TNM 分類 T 因子	T1	T2	T3	T4
TNM の転移	No	Yes	—	—

新しいスコアリングシステムでは, たとえば, HCC 患者が Child-Pugh 分類 =B, AFP 値 =109, T 因子 =T2, 転移 = なしとすると, スコアは 2 となる. 1,070 例の集積データから, スコア 0 から 7 までの予測生存率曲線を作成す

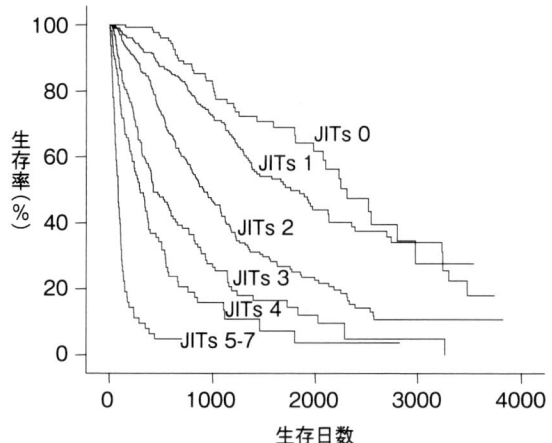

図 1.7 肝細胞癌患者の生存予後を予測するために開発された臨床進行期（リスク分類）の一例

ると図 1.7 となる．新スコアリングシステム，CLIP, JIS の三つの良し悪しを AIC 統計量で評価すると，CLIP, 新スコアリングシステム，JIS の順によいことがわかった．

1.4.3 生存率の予測—肝硬変症患者の生存予後に重大な影響を与える因子の探索—

　ある疾患群では，診断された時点あるいは治療を開始した時点から死亡までの時間が症例によりかなり異なっていることがある．リスク分類（臨床進行期）により，ある程度大まかな生存予後の予測は可能であるが，同じ分類に属していても，生存率が 10％程度異なることもある．そこで，診断時点あるいは治療開始時点で，**個々の症例の生存予後**（生存時間に関する医学的な見通し，生存時間を尺度とする病後の経過）を予測できれば，治療方針の決定やその患者の生活設計に役立つであろう．たとえば，生存時間解析では，年齢 67 歳，喫煙歴なし，リスク分類 II の症例の 10 年生存率が 85％であるとか，年齢 72 歳，喫煙歴あり，リスク分類 IIIb の症例の 10 年生存率が 55％であるとか，という予測が可能である．10 年生存率が 85％と 55％では，担当医も患者も治療やそ

の後の生活設計に対するとらえ方が大きく変わるであろう.

このテキストでは,肝硬変症患者110例の生存時間データをサンプルデータとして用いることにする(巻末付録).この元データは,(Tsuji *et al.*[6])のデータ185例から無作為に100例を抽出し改変したものである.このデータを使って,肝硬変症患者の予後規定因子の探索を試みる.肝硬変症データで収集された主なデータ項目は表1.3に示されている.

表 1.3 肝硬変症患者の生存予後を予測するために使われた因子とカテゴリー

因子	コードとカテゴリー
通し番号	1～100番まで
性別	1:男　2:女
年齢	診断時年齢(歳)
腹水	1:なし　2:あり
食道静脈瘤	1:なし　2:あり
成因	1:アルコール性　2:Hb陽性　3:その他
肝シンチグラフィー	1:正常　2:肥大　3:右葉萎縮　4:両葉萎縮
GOT	
GPT	
GOT/GPT	
ALP	検査値そのまま
LDH	
Alb	
γ-gl	
T-cho	
転帰	1:生存　0:死亡
生存期間	生存日数(日)

肝シンチグラフィーの所見によって分けられた4群の生存率曲線をKaplan-Meier法で作成した(図1.8).肝シンチグラフィーの所見で正常な6例は10年生存率が100%であり,生存予後が特に良好である.一方,両葉萎縮の10例は7年以内に全例死亡しているので10年生存率は0%である.したがって,肝シンチグラフィーの所見により,生存予後の良好・不良がかなりはっきりと予測できる.

肝機能検査の一つであるGOTについて,60以下と61以上の2群に分けて

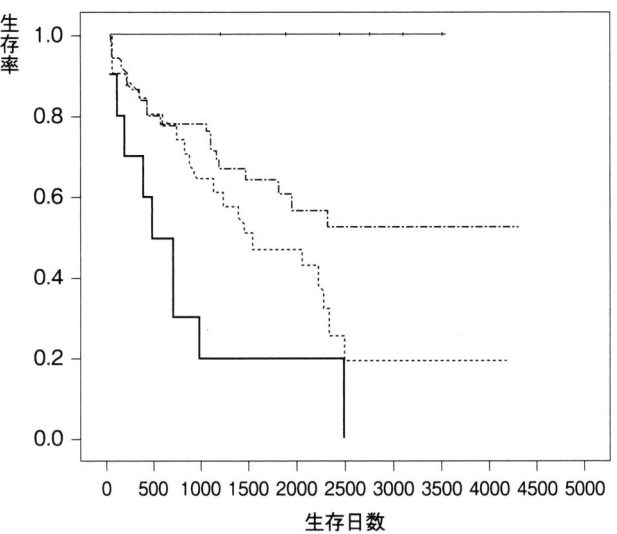

図 1.8　肝硬変症患者データの肝シンチグラフィーで層別したときの生存率曲線．上から正常（細線），肥大（鎖線），右葉萎縮（点線），両葉萎縮（太線）．

生存率曲線を作成すると，診断されてから 6 年目までは GOT が低値の群の方が生存率が低い傾向にあるが，ログランク検定による有意差検定では，有意な結果は得られない．したがって，診断時の GOT 値を 60 で分割した 2 群では生存予後の予測はできないことを意味している．

　このように，14 個の予後規定因子の候補因子を一つずつ，分割点を変えながら調べていくことが臨床研究ではよく行われるが，このような単一因子解析の問題点も指摘されている．それは，14 個の因子は互いに独立ではなく内部相関が高い場合があり，因子 A, B, C が生存予後を規定する因子であるとわかったときに，実は A と B の相関が高くいずれか一方を予後規定因子とすれば十分であることがある．逆に，D は上の方法では有意な予後規定因子とは言えない場合でも，別の因子 E の影響を補正する予後規定因子として重要であることもある．これらの問題点を解決する方法として，多変量解析が用いられる．本肝硬変症データの多変量解析による結果は辻論文に示されているので参照されたい (Tsuji et al.[6])．

参考文献

[1] Sugimachi, K., Maehara, Y., Akazawa, K., Nomura, Y., Eida, K., Ogawa, M., Konaga, E., Tanaka, N., Toge, T., Dohi, K., Noda, S., Maeda, M., Monden, Y.: Nishinihon Cooperative Study Group of Adjuvant Therapy for Breast Cancer: Postoperative chemo-endocrine treatment with mitomycin C, tamoxifen, and UFT is effective for patients with premenopausal estrogen receptor-positive stage II breast cancer. *Breast Cancer Research and Treatment*, 56: 113-124, 1999.

[2] Noguchi, S., Koyama, H., Uchino, J., Abe, R., Miura, S., Sugimachi, K., Akazawa, K., Abe, O.: Postoperative adjuvant therapy with tamoxifen, tegafur plus uracil, or both in women with node-negative breast cancer: a pooled analysis of six randomized controlled trials. J. *Clin Oncol* 2005, 23:2172-2184.

[3] Kobayashi, K., Suda, T., Aoyagi, Y. and Akazawa, K.: A new scoring system for the better prediction of survival in patients with hepatocellular carcinoma: The integration of the JIS and CLIP scoring systems. *ACTA MEDICA et BIOLOGICA* (in press)

[4] Akazawa, K., Nakamura, T. and Palesch, Y.: Power of logrank test and Cox regression model in clinical trials with heterogeneous samples. *Statistics in Medicine*, 16, 583-597 (1997).

[5] Nakamura, T., Akazawa, K., Kinukawa, N., Nose, Y.: Piecewise linear Cox model for estimating relative risks adjusting for the heterogeneity of the sample. *Statistics for the Environment*, Vol.4., Wiley, New York. 1999, 281-289.

[6] Tsuji, Y., Koga, S., Ibayashi, H., Nose, Y. and Akazawa, K.: Prediction of the prognosis of liver cirrhosis in Japanese using Cox's proportional hazard model. *Gastroenterologia Japonica*, 22(5): 599-606, 1987.

第2章　生存率関数の定義と推定

　前章では，生存時間解析の特徴と具体例を示した．本章では，生存時間解析の理論をひも解く上で必要となる三つの関数，生存率関数，確率密度関数，ハザード関数を定式化する．ヒトを対象とする場合，その予後を規定しうる因子，すなわち，予後因子，が各個体でまちまちであり，それらの違いを考慮した解析を行わなければならない．予後因子が各個体でまちまちであることを，**対象症例が不均一 (heterogeneous) である**，といい，逆に，動物実験の動物のように，生まれも育ちも同じ場合，**対象症例は均一 (homogeneous) である**，という．この章では，症例が均一である場合のみを考える．

2.1　生存率関数，確率密度関数，ハザード関数

　T は生存時間を表す非負の確率変数とする．T の分布の性質を調べる際に，**生存率関数 (survivor function)**，**確率密度関数 (probability density function : pdf)**，**ハザード関数 (hazard function)** という三つの関数が特に重要である．三つの関数のうち，確率密度関数とハザード関数の定式化と相互の関係づけは，連続分布と離散分布で別個に行われる．

2.1.1　生存率関数

　生存率関数 F は，T が連続もしくは離散の別を問わず以下の式で定義される (Kleinbaum [1])．すなわち，

$$F(t) = P(T > t) \quad ここで, 0 \leq t < \infty. \tag{2.1}$$

この定義より，時間 t における生存率は，興味あるイベントが t 以下では起こらない確率を意味する．生存率は確率なので本来は 0 以上 1 以下の数値で表されるべきであるが，医学論文等ではパーセント表示 (例：5 年生存率が 63%)

されることもある.

$F(t)$ の性質として,以下の三つが挙げられる.

---
(1) $F(0) = 1$
(2) $\lim_{t \to +\infty} F(t) = 0$
(3) 非単調増加関数

すなわち,$t_1 < t_2$ ならば $F(t_1) \geqq F(t_2)$
(4) 右連続関数

すなわち,$\lim_{t \to b+0} F(t) = F(b)$
ここで,$t \to b+0$ は,t が正の方向から b に近づくことを意味する.

以下では,確率密度関数とハザード関数を,T が連続である場合と離散である場合に分けて定義する.

2.1.2 T が連続である場合

2.1.2.1 確率密度関数

$[0, \infty)$ 上での確率密度関数を以下のように定義する.

$$f(t) = \lim_{\Delta t \to 0^+} \frac{P(t \leq T < t + \Delta t)}{\Delta t} \tag{2.2}$$

上の定義式から,生存率関数と確率密度関数の関係について以下の性質が導かれる.

---
(1) $f(t) = \dfrac{-dF(t)}{dt}$
(2) $F(t) = \displaystyle\int_t^\infty f(s)ds$
(3) $f(t) \geq 0$ であり $\displaystyle\int_0^\infty f(t)ds = 1$

2.1.2.2 ハザード関数（瞬間死亡率）

生存時間解析特有の用語の一つにハザード関数がある．ハザード関数は生存率関数を理解する際に最も使われる関数であり，その定義と性質をよく理解しておく必要がある．

T が連続であるときのハザード関数 $\lambda(t)$ の定義は以下のようになる．

$$\lambda(t) = \lim_{\Delta t \downarrow 0} \frac{F(t) - F(t + \Delta t)}{F(t) \cdot \Delta t}$$

上式を書き直すと

$$\lambda(t) = \lim_{\Delta t \to 0^+} \frac{P(t \leq T < t + \Delta t | T \geq t)}{\Delta t} \tag{2.3}$$

で表現される．ここで，$\Delta t \downarrow 0$ と $\Delta t \to 0^+$ はともに正の方向から 0 に近づくことを意味する．

このハザードと生存率関数，確率密度関数との関係式は以下の (1) から (4) で表される．ハザードは確率ではないので 1 よりも大きくなることがある．

---

(1) $\boldsymbol{\lambda(t) = \dfrac{f(t)}{F(t)}}$

(2) $\boldsymbol{\lambda(t) = \dfrac{-d \log F(t)}{dt}}$

したがって，$\boldsymbol{F(0) = 1}$ を使うと $\boldsymbol{F(t) = \exp\left(-\int_0^t \lambda(u) du\right)}$ (2.4)

(3) $\boldsymbol{f(t) = \lambda(t) \exp\left(-\int_0^t \lambda(u) du\right)}$ (2.5)

例 1.1 ハザード関数が時間によらず一定の値をとるとする．すなわち，$\lambda(t) = a$, ただし，a は正の定数，とするとき，生存率関数，確率密度関数は (2.4) と (2.5) 式より，

$$F(t) = \exp\left(-\int_0^t a du\right) = \exp(-at)$$

$$f(t) = a\exp\left(-\int_0^t a du\right) = a\exp(-at)$$

応用 1.2　期待生存余命

t の直前まで生存したという条件の下で t を基点とした生存時間（生存余命）の期待値のことを，**期待生存余命 (expected residual life)** といい，

$$r(t) = E(T - t | T \geq t) \quad \text{ここで}, 0 \leq t < \infty,$$

で定義される．部分積分を使って上の定義は次のように書ける．

$$\begin{aligned}
r(t) &= \int_t^\infty \frac{(u-t)f(u)du}{F(t)} \\
&= \frac{1}{F(t)}\left\{-[(u-t)F(u)]_t^{+\infty} + \int_t^{+\infty} F(u)du\right\} = \int_t^\infty \frac{F(u)du}{F(t)} \quad (2.6)
\end{aligned}$$

(2.6) では，$\lim_{u\to+\infty} uF(u) = 0$ を示す必要がある．これは $E[T]$ が存在するとき，

$$uF(u) = u\int_u^{+\infty} f(s)ds \leq \int_u^{+\infty} sf(s)ds \to 0, \quad \text{ここで}, u\to+\infty,$$

により示すことができる．

また，生存時間関数 $F(t)$ を期待生存余命 $r(t)$ で表すと，

$$F(t) = \frac{r(0)}{r(t)}\exp\left(-\int_0^t \frac{du}{r(u)}\right) \tag{2.7}$$

である．なぜならば，(2.6) より，

$$\frac{1}{r(t)} = \frac{F(t)}{\int_t^\infty F(u)du}.$$

一方，
$$\frac{d\left\{\int_t^\infty F(u)du\right\}}{dt} = -F(t)$$

なので，

$$-\frac{1}{r(t)} = \frac{d}{dt}\log\int_t^\infty F(u)du.$$

(2.6) より, $t=0$ のとき $r(0) = \int_0^\infty F(u)du$.

したがって, $\int_0^t \frac{du}{r(u)} = -\log\int_t^\infty F(u)du + \log r(0)$

が得られ, (2.7) 式が求まる.

2.1.3 T が離散である場合

T が離散確率変数で, 値として $x_1 < x_2 < \cdots$ をとる場合の生存率関数 $F(t)$ と確率密度関数 $f(t)$ を定義する.

$$f(x_i) = P(T = x_i) \quad \text{ここで}, i = 1, 2, \ldots,$$
$$F(t) = \sum_{j|x_j > t} f(x_j)$$

x_i におけるハザードは

$$\lambda_i = P(T = x_i | T \geq x_i) = \frac{f(x_i)}{F(x_i^-)} \quad \text{ここで}, i = 1, 2, \ldots$$

である. ここで, $F(x_i^-) = \lim_{t \to x_i^-} F(t)$ である.

$F(t), f(t)$ と λ_i との関係は以下のように表される.

$$F(t) = \prod_{j|x_j \leqq t}(1 - \lambda_j) \tag{2.8}$$

$$f(x_j) = \lambda_j \prod_{l=1}^{j-1}(1 - \lambda_l)$$

(証明)

$$F(t) = \sum_{j|x_j > t} f(x_j)$$
$$= \sum_{j|x_j > t} \{F(x_{j-1}) - F(x_j)\} = F(x_{j-1})$$

一方,
$$\lambda_l = \frac{f(x_l)}{F(x_l^-)} = 1 - \frac{F(x_l)}{F(x_{l-1})}$$

よって,
$$\frac{F(x_l)}{F(x_{l-1})} = 1 - \lambda_l$$
$$\therefore \quad F(t) = \frac{F(x_1)}{F(x_0)} \cdots \cdots \frac{F(x_{j-1})}{F(x_{j-2})} = \prod_{l \mid x_l \leqq t} (1 - \lambda_l)$$

医学・医療分野での生存時間解析では,収集されるデータのほとんどは生存時間 T が離散型データである.生存率曲線を作成する際に用いられる Kaplan=Meier 法(第 3 章参照)も T が離散であることを仮定した手法である.生存時間データを計測する際の最小単位が日にちであるとき,感覚的には連続型の公式を適用してもよいと考えたいところであるが(もちろん,そういう公式の適用と解析を行ってよいときも多々あるが),感染症の罹患から治癒,死亡までの Time to event 解析などでは,それぞれのカレンダー日に多くの人が死亡したり治癒したりするので,年月日を離散データと考えるべきときもある.

例 1.3 ハザードを理解するために,図 1.2 の治療法 A のデータを例に取りハザードを説明する.がんの摘出手術後 36 か月時のハザードの値 $\lambda(36)$ を考えてみよう.36 か月直前の生存率曲線の値を $F(36^-)$ と表す.ハザードの値 $\lambda(36)$ は,36 か月の直前までは生存しているという条件の下で,36 か月の直後には死亡するという条件付き確率のことである.すなわち,36 か月の直前から 36 か月の直後までの短い期間に死亡する確率を 36 か月前には死亡していない確率で割った値である.36 か月の直前までは生存しているが 36 か月の直後までに死亡する確率は $F(36^-) - F(36)$ で与えられる.したがって,数式では,

$$\lambda(36) = \{F(36^-) - F(36)\}/F(36^-)$$

と表される (Marubini and Valsecchi [2]).

参考文献

[1] Kleinbaum, D. G.: *Survival analysis.* Springer-Verlag, New York. 1996
[2] Marubini, E. and Valsecchi, M. G.: *Analyzing Survival Data from Clinical Trials and Observational Studies.* Wiley, New York (1996).

第3章　生存率の推定と生存率曲線

　第2章1節では，T が生存時間を表す確率変数とするとき，生存率関数を以下の式で定義した．

$$F(t) = P(T > t) \quad ここで, 0 \leq t < \infty.$$

生存時間データでは，観察途中に症例が追跡不能となったり，イベントが発生せずに追跡調査を終了する「打ち切り例」とイベントが発生した「死亡例」が混在する．本章では，このような不完全なデータから生存率 $F(t)$ を推定する方法を考える．$F(t)$ を推定する最も一般的な方法は Kaplan-Meier 法と呼ばれるものであり，この推定法を詳しく説明する．

3.1　生存率推定の事例

　生存時間解析を使った医学研究論文では，図3.1で示す右下がりの階段関数をよく目にする．図3.1は，肝硬変患者110例の生存時間データ（巻末付録）を使い，腹水ありの症例群となしの症例群の10年生存率を描いたものである．横軸が生存時間，縦軸が生存率を表す．生存率関数の性質（2.1.1節）で述べたように，非単調増加で死亡が発生した時点で生存率が下がっている．また，打ち切り例が発生した時点では，生存率曲線は下がらず，曲線上に小さな縦棒を立てるなどして打ち切り例がいつ発生したか（打ち切り例の分布）がわかるようにすることもある．

　グラフをもっとよく見ると，1例の死亡に対する生存率曲線の下がり方（階段の落ちる幅）がそれぞれの時点で異なることがわかる．同じ生存時間で複数症例が同時に死亡した場合には，ひとりのみ死亡した場合に比べて下がり方が大きい．また，ひとりの死亡でも生存時間の短いところ（たとえば，500日以内のところ）では，死亡発生時の生存率の低下が小さいのに対して，生存

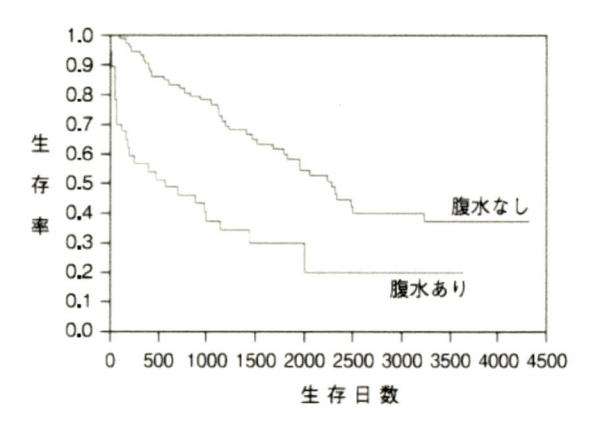

図 3.1 肝硬変患者の腹水の有無別生存率曲線

時間の長いところではその低下が大きくなっている．さらには，図3.1ではわかりにくいが，打ち切り例が多数発生した次の死亡例では生存率の低下がやはり大きい傾向がある．

Kaplan-Meier法で推定された生存率関数において，注目すべきポイントは以下のとおりである．これらの答を次節以降で考えることにしよう．

① 死亡時点でどれくらい生存率を下げるのか
② 打ち切り時点の生存率の推定はどうするか
③ 同時死亡ではどう処理するか
④ 同時点で，死亡と打ち切りが発生した場合にどのような処理が必要か
⑤ 階段関数にする理由

3.2 Kaplan-Meier 法による生存率推定の例
   —その1 仮想データでの推定—

症例数の少ない単純な生存時間データを使って，Kaplan-Meier法による生存率の推定を試みることにしよう．表3.1は5例の生存時間データである．生存時間データの場合，生存時間とそれが死亡か打ち切り例かを区別する転帰データが必ずペアとなっている．表3.1では，5例の生存時間はすべて異なり全例死亡しているデータである．

3.2 Kaplan-Meier 法による生存率推定の例 ―その1 仮想データでの推定―

表 **3.1** 全例死亡の場合の生存時間データ

症例 No.	生存時間（月）	転帰
1	8	死亡
2	20	死亡
3	24	死亡
4	41	死亡
5	50	死亡

生存率関数 (2.1) に基づき，表 3.1 からそれぞれの時点での生存率を考えてみる．
- $t = 6$ に対しては，5 例中 5 例が生存なので，$F(6) = P(T > 6) = 5/5 = 1$
- $t = 8$ で 1 例死亡したので，$F(8) = P(T > 8) = 4/5 = 0.8$.
- $t = 36$ では，5 例中 3 例がすでに死亡して 2 例が生存中なので，

  $F(36) = P(T > 36) = 2/5 = 0.4$.

このように，全例死亡の生存時間データの場合には，その時点で追跡中の生存例（この集合を**リスク集合 (risk set)** という）の人数を全症例数で割れば，その時点での生存率が推定できる．これらの値をグラフにプロットして線で結ぶと，図 3.1.a に示す生存率曲線ができる．2.1.1 の性質に従い，より厳密に生存率の推定値をプロットすると図 3.1.b となる．すなわち，死亡が発生した時点の生存率とその直前の生存率には段差が生じ，死亡発生時点の生存率は階段の段差の下の値である．正式な生存率曲線のグラフを描くと，右連続関数の性質 (2.1.1 生存率関数を参照) をもつことから，階段の上は白丸（値が抜けていることを表す），階段の下が黒丸（値がある）に注意する（図 3.1.b）．

次に，表 3.2 に示す打ち切り例がある場合の生存率関数を考える．生存時間の数値は表 3.1 と同じであるが，2 例の打ち切り例が入っている．$t = 24$ の直前の生存率は 0.6 となり表 3.1 の場合と同じであるが，$t = 24$ の生存率をどのように推定するか？ $t = 24$ の直前までは生存していたが $t = 24$ の時点で消息不明となり，その後いつ死亡したかはわからない．この症例を死亡とみなし，生存率を $F(24) = 2/5$ とするのは正しくないことは直観的にわかるだろう．別の考えとして，0.5 人分は生存，0.5 人分は死亡の扱いとして，

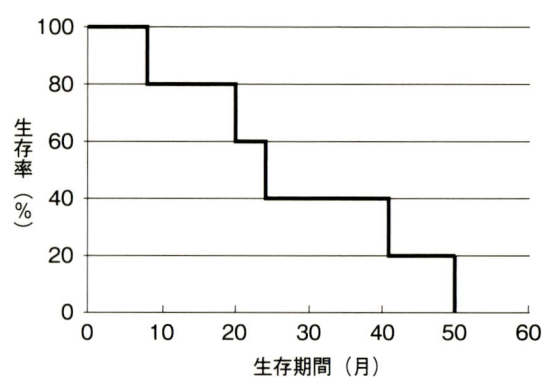

図 3.1.a　表 3.1 の生存時間データに対応する生存率曲線

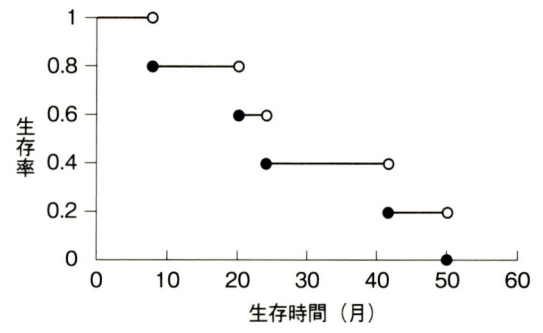

図 3.1.b　生存率の推定グラフより厳密な定義に基づく

$F(24) = P(T \geq 24) = 2.5/5$ にしてはどうだろう？あるいは、また、死亡していないことは事実なのだから生存率 0.6 のままでよいという考えもある。後で詳述するが、これは生存率 0.6 のままでよい。

打ち切り例の影響は、次の死亡例発生時の生存率に影響を与える。$t = 8$ と $t = 20$ の生存率は上の例と変わらないが、$t = 24$ では症例が死亡していないので生存率の低下は起こらない。その代わり、$t = 41$ での生存率を考えると、$t = 41$ の直前までは 3/5 の生存率であり、$t = 41$ ではリスク集合の症例数が 2 例でその中の 1 例が死亡したので、1/2 が $t = 41$ での生存率への寄与ということになる。したがって、$F(41) = 4/5 \times 3/4 \times 1/2 = 3/10$ となる。しかも、最後までフォローアップした症例は 50 ヶ月の時点で打ち切り例となって

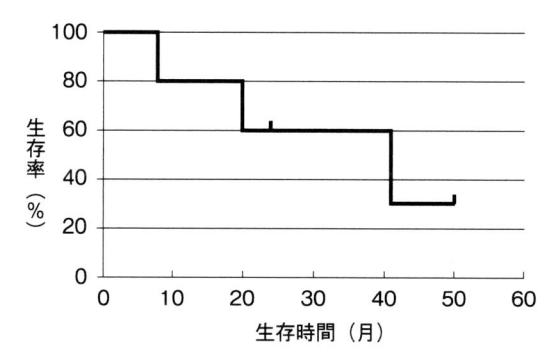

図 3.2　表 3.2 の生存時間データに対応する生存率曲線．本来は図 3.1 のように縦線を入れずに描くべきであるが，便宜上，このように階段関数で描く．

いる．このような場合に，生存率は 0.3 のままで止めるのが正しい方法である．この線を延長して，50 ヶ月より観察が継続されたように書くとか，研究終了時点ということで生存率を 0 に落とすことは誤りである．

表 3.2　打ち切り例がある場合の生存時間データ

症例 No.	生存時間（月）	転帰
1	8	死亡
2	20	死亡
3	24	打ち切り
4	41	死亡
5	50	打ち切り

3.3　Kaplan-Meier 法の公式

前節では，Kaplan-Meier 法による生存率の推定を具体的な例で示した．この節では，Kaplan-Meier 法の公式を示すことにする．

症例数 n，観察された死亡症例の生存時間を

$$t_1 < t_2 < \cdots < t_k, \quad ただし, k \leqq n,$$

と表す. $t_j (j = 1, \ldots, k)$ における死亡例数を d_j, 観察期間 t_j 以上 t_{j+1} 未満での打ち切り例数を m_j とする. t_j の直前でのリスク集合 (t_j の直前で観察可能でかつイベントの発生していない症例の集まり) における症例数を n_j と表す. これらの記号をまとめると表 3.3 のようになる.

このとき, **時間 t における生存率 $F(t)$** は以下の公式で求めることができる.

$$F(t) = \prod_{j|t_j \leq t} \left(\frac{n_j - d_j}{n_j}\right) \tag{3.1}$$

この公式の意味は, t 以下の死亡時間 t_j の j について, $(n_j - d_j)/n_j$ をすべて掛け算するということである. この公式が **Kaplan-Meier 法 (累積法)** による生存率の推定公式である (Kalbfleisch and Prentice [1]). 図示すると, 右下がりで右連続の階段関数, すなわち, 死亡時点での生存率は階段の下の階の値をとる生存率曲線が作成できる. 公式 (3.1) の導出法は章末の付録 3.1 に示したので参照されたい.

表 3.3 死亡例の生存時間, 死亡例数, リスク集合の症例数, 打ち切り例数のサマリー

死亡例の生存時間 (t_j)	死亡例数 (d_j)	直前における リスク集合の症例数 (n_j)	$[t_j, t_j+1]$ における 打ち切り例数
$0(=t_0)$	0	n	m_0
t_1	d_1	n_1	m_1
t_2	d_2	n_2	m_2
t_3	d_3	n_3	m_3
$\vdots$	$\vdots$	$\vdots$	$\vdots$
t_{k-1}	d_{k-1}	n_{k-1}	m_{k-1}
t_k	d_k	n_k	m_k

3.4 Kaplan-Meier 法による生存率推定の例 ——その 2

図 3.3 の A 群, B 群それぞれの生存率を考えてみよう.

A 群の 5 例の生存時間はそれぞれ, 20, 36, 40, 50, 60 か月とする. このう

ち, 40 と 60 か月は打ち切りデータである. 1 年目 (12 か月目) の生存率 (1 年生存率) はいくらだろう? 5 例全員生存中であることがわかっているので, 1 年生存率は 1 である. 同様に, 2 年生存率は 24 か月に達するまでに 5 例中 1 例死亡しているので 0.8(= 4/5) と推定される. 3 年生存率は, 3 年目 (36 か月) に死亡している患者がいるので, 生存率関数の定義 (2.1) より 0.6 となる.

グラフで表すと, 生存時間 0 から 20 か月直前までは 1, 20 か月から 36 か月の直前まで 0.8 であり, 36 か月では, 生存率曲線の右端が白丸 (この点を含まないの意), 0.6 の左端が黒丸 (この点を含むことを意味する) となる.

次に, 4 年生存率 ($t = 48$) での生存率を推定してみる. 40 か月で打ち切り例が 1 例いる. したがって, 40 か月の生存率も 48 か月の直前の生存率もともに 0.6 である.

50 か月で 1 例が死亡しているので, 50 か月では生存率が低下する. さきほどと同様に条件付確率で計算すると, $3/5 \times 1/2 = 0.3$ となる. ここで, 左辺の第 2 項の分母が 2 となっていることに注意する. このとき, 統計学では, 死亡のリスクを持つ症例は 2 例であるという. そして, この 2 症例を一つの集合と見たとき, この集合のことをリスク集合 (risk set) と呼ぶ. 結局, 50 か月直後から 60 か月までは生存率 0.3 と推定される. 60 か月以降, 0.3 の直線を延長することはできない. なぜならば, 観察期間は 60 か月であり, 最長でも 60 か月間しか追跡調査は行われていないからである.

治療法 B における 5 例の生存時間は, 8, 18, 24, 24, 54 である. 治療法 B では, 24 か月目に死亡と打ち切りが同時に発生しているが, どちらが先に発生したかでリスク集合の症例数が異なり, 生存率の推定結果も変わってくる. このような場合には, 死亡が先に発生したとして計算する. したがって, 治療法 B での 2 年生存率は 0.4 となる.

図 3.3 は治療法 A, B の生存率曲線が図示されているが, 前述のように打ち切り例がどの時点で発生したかを示すために, その時点に小さな縦棒を立てて示すようにする. 打ち切り例の分布が特定の期間, たとえば, 追跡開始後, 治療初期などにまとまっているような場合には, 医学上あるいはデータ収集手続き上何か問題があったかもしれないことを示唆している.

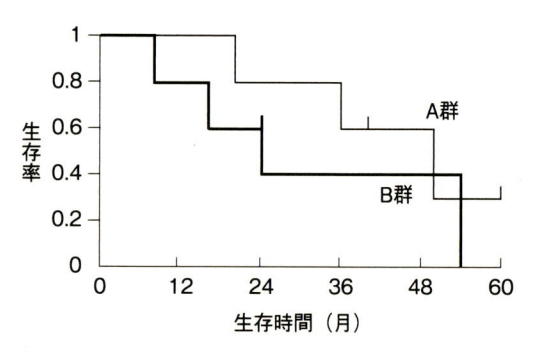

図 3.3 仮想的な生存時間データに対する 2 本の生存率曲線. 図中の小さな縦棒は打ち切り時間の発生を示している.

3.5 生存時間の中央値

生存率解析の結果をまとめる際に,収集された生存時間データの特性をある統計量で表す必要がある.年齢,身長,生化学検査値などのように,各症例の観測値が確定するのであれば平均値と標準偏差(あるいは標準誤差)を用いることができる.ところが,生存時間は打ち切りデータを含むので,これらの統計量を直接使うことはできない.

生存時間データの特性を表す統計量として,3年生存率,5年生存率など研究目的に合った生存率の推定値以外に**生存時間の中央値 (median survical time)** が用いられる.生存時間データの中央値 me とは,生存率曲線の 0.5 に対応する生存時間と定義される (Machin et al.[2]):

$$\mathrm{me} = \min\{t|F(t) \leq 0.5\},$$

ただし,min{ } は { } 内の条件を満たす値の最小値である.

同様に,75% 点,25% 点は,生存率の 0.75, 0.25 に対応する生存時間である.図 3.3 の治療法 A の中央値,75% 点,25% 点は 50 か月,36 か月,なし,治療法 B での中央値,75% 点,25% 点は,それぞれ,30 か月,24 か月,42 か月である.中央値の定義から,生存率曲線がすべての観察期間中で 50% より高い場合には,中央値を求めることはできない.したがって,治療法 A の 25% 点は推定できない.

3.6 推定生存率に対する漸近分散

年齢や検査値の平均値を求めたときには，その平均値のばらつきの程度を表す標準誤差を同時に推定することが多い．生存時間解析においても，ある時間 t における推定生存率 $\hat{F}(t)$ のばらつきの程度やその 95% 信頼区間を求めることがある．そこで，$\hat{F}(t)$ の**漸近分散**（**asymptotic variance**; 標本の大きさ n が大きくなっていくときの推定量としての分散）を**積率法**により求めることにする．

付録 3.1 にある (3.5) の $\lambda_1,\ldots,\lambda_k$ に対して，漸近分散の推定値を求める．(3.5) の log をとって λ_j についての 2 回偏微分を求めると

$$n_j^{-3}[d_j(n_j - d_j)]$$

となる．

$$\log \hat{F}(t) = \sum_{j|t_j \leq t} \log(1 - \hat{\lambda}_j)$$

に対して，付録 3.2 より

$$\mathrm{Var}[\log \hat{F}(t)] = \sum_{j|t_j \leq t} (1 - \hat{\lambda}_j)^{-2} \mathrm{Var}(1 - \hat{\lambda}_j)$$
$$= \sum_{j|t_t \leq t} \frac{d_j}{n_j(n_j - d_j)}$$

よって，$\hat{F}(t)$ の漸近分散は付録 3.2 を用いて

$$\mathrm{Var}[\hat{F}(t)] = \{\hat{F}(t)\}^2 \sum_{j|t_j \leq t} \frac{d_j}{n_j(n_j - d_j)} \tag{3.2}$$

で与えられる．推定値 (3.2) は **Greenwood の公式 (Greenword's formula)** と呼ばれる．(3.2) に基づき，ある時間 t における **95% 信頼区間**は，

$$\hat{F}(t) \pm 1.96[\mathrm{Var}\hat{F}(t)]^{1/2}$$

となる．

一つの生存時間データセットのうち,極端に小さな t,もしくは大きな t に対してこの信頼区間の公式を適用すると $[0,1]$ の範囲に入らないことが生じうる.これを避けるために,

$$\hat{v}(t) = \log[-\log \hat{F}(t)]$$

の漸近分散 $\{\hat{S}(t)\}^2$ を求める. $\log \hat{F}(t)$ を $G(t)$ とおき,積率法を適用すると

$$\hat{s}^2(t) = \text{Var}[G(t)]\left(\frac{1}{G(t)}\right)^2 = \frac{\sum_{j|t_j \leq t} \frac{d_j}{n_j(n_j - d_j)}}{\left[\sum_{j|t_j \leq t} \log\left(\frac{n_j - d_j}{n_j}\right)\right]^2}$$

したがって,$v(t) = \log[-\log F(t)]$ に対する 95% 信頼区間 $\hat{v}(t) \pm 1.96\hat{s}(t)$ が求まる.これにより,$F(t)$ の信頼区間は

$$\hat{F}(t)^{\exp[\pm 1.96\hat{s}(t)]}$$

となる.

3.7 Kaplan-Meier 法以外の生存率の推定方法

Kaplan-Meier 法以外の代表的な生存率の推定方法は**生命表法 (life table method)** である (Chiang [3]).生命表法では,観察される生存時間を k 個の区間 $I_1, \ldots, I_k$ に分割する.そしてこの $I_j (j = 1, \ldots, k)$ を次のように表わす.

$$I_j = [b_0 + b_1 + \cdots + b_{j-1}, b_0 + \cdots + b_j)$$

$b_0 = 0$, b_j は区間幅とする.生命表は各区間での死亡例数と打ち切り例数で構成される.区間 I_j での打ち切り例を m_j,死亡例数を d_j とし,区間 I_j の直前でのリスク集合の個体数を $n_j = \sum_{l \geq j}(d_l + m_l)$ で表す. I_j の直前まで生存していたという条件の下で I_j で死亡する条件付確率は,$n_j = 0$ のとき $\hat{q} = 1$,それ以外のとき,

$$\hat{q}_j = \frac{d_j}{n_j - m_j/2}$$

である．分母の $m_j/2$ は，n_j 例のうち，I_j においてリスクに曝されないと仮定する症例数である．I_j の終わりの時点での生存率の推定値は

$$\tilde{F}(b_1 + \cdots + b_j) = \prod_{i=1}^{j}(1 - \hat{q}_i)$$

であり，$\tilde{F}$ の分散の推定値は，n_j を $n_j - m_j/2$ に置き換えた Greenwood の公式となる．

付録 3.1　Kaplan-Meier 法の導出

生存率関数 $F(t)$ をもつ均一母集団から症例数 n_0 の標本を抽出したとき，その観察生存時間を $t_1 < t_2 < \cdots < t_k$ で表す．d_j 例が $t_j (j = 1, \ldots, k)$ で同時に死亡し，m_j 例が区間 $[t_j, t_{j+1})(j = 0, \ldots, k), t_0 = 0, t_{k+1} = \infty$ において"観察打ち切り (censored)"になったとする (表 3.3)．$n_j = (m_j + d_j) + \cdots + (m_k + d_k)$ は t_j の直前におけるリスク集合の個体数である．別の見方をすると，t_j の直前におけるリスク集合の症例数 n_j は，$n_j = n_{j-1} - d_{j-1} - m_{j-1}(1 \leqq j \leqq k)$ で求められる．また，m_k は，最後の死亡（t_k における死亡）が起こってから観察終了時点までの打ち切り例である．

時間 t_j における死亡確率は

$$P(T = t_j) = F(t_j - 0) - F(t_j)$$

ただし，$F(t_j - 0) = \lim_{\Delta t \to 0^+} F(t_j - \Delta t) \quad (j = 1, \ldots, k)$ である．

t_{jl} で打ち切りとなった症例の尤度への寄与を考えると

$$P(T > t_{jl}) = F(t_{jl})$$

すなわち，t_{jl} での打ち切りはその時点よりも後に死亡が起こり，その死亡時間は観察されないことを仮定している．このようにして，生存率関数 $F(t)$ の**尤度関数 (likelihood function)** は以下のように表される．

$$L = \prod_{j=0}^{k} \left\{ [F(t_j - 0) - F(t_j)]^{d_j} \prod_{l=1}^{m_j} F(t_{jl}) \right\} \tag{3.3}$$

L を最大にする最尤推定値 $\hat{F}(t)$ を求める.
$\hat{F}(t)$ は観察された死亡時間では不連続である. もしそうでなければ, $L = 0$ となるからである. さらに, $t_{jl} \geq t_j$ なので, $F(t_{jl})$ は $F(t_{jl}) = F(t_j)$, $(j = 1, \ldots, k; 1 = 1, \ldots, m_j)$ で, かつ, $F(t_{0l}) = 1, (l = 1, \ldots, m_0)$ のとき最大となる.

一方, 式 (2.8) より, 推定値 $\hat{F}(t)$ は $t_1, \ldots, t_k$ でハザード $\lambda_1, \ldots, \lambda_k$ を持つ離散生存率関数となる. すなわち,

$$\hat{F}(t_j) = \prod_{l=1}^{j} (1 - \hat{\lambda}_l) \tag{3.4}$$

$$\hat{F}(t_j - 0) = \prod_{l=1}^{j-1} (1 - \hat{\lambda}_l) \tag{3.5}$$

(3.4) と (3.5) の $\hat{\lambda}_l$ は, (3.3) に (2.8) を代入した以下の式を最大にする推定値である.

$$L = \prod_{j=1}^{k} \left\{ \left[\prod_{l=1}^{j-1} (1 - \lambda_l)^{d_j} \right] \lambda_j^{d_j} \left[\prod_{l=1}^{j} (1 - \lambda_l)^{m_j} \right] \right\}$$

ここで

$$\left[\prod_{l=1}^{j-1} (1 - \lambda_l)^{d_j} \right] \cdot \left[\prod_{l=1}^{j} (1 - \lambda_l)^{m_j} \right]$$

について, $j = 1, \ldots, k$ を計算して $(1 - \lambda_1), \ldots, (1 - \lambda_k)$ の各項のベキ数に注目すると

$$(1 - \lambda_j) \text{ のベキ数}$$
$$= m_j + (d_{j+1} + m_{j+1}) + \cdots + (d_k + m_k)$$
$$= n_j - d_j$$

となる. したがって

$$L = \prod_{j=1}^{k} \lambda_j^{d_j}(1-\lambda_j)^{n_j-d_j} \tag{3.6}$$

L を最大にする λ を求めると, $\hat{\lambda}_j = d_j/n_j$ $(j=1,\ldots,k)$ となり, 生存率関数の推定値 (product limit estimate)

$$\hat{F}(t) = \prod_{j|t_j \le t} \left(\frac{n_j - d_j}{n_j} \right)$$

を得る.

付録 3.2　積率法を用いた $\hat{F}(t)$ の分散の推定

$$\begin{aligned}
\mathrm{Var}[\log \hat{F}(t)] &= \mathrm{Var}[\sum_{j|t_j \le t} \log(1-\hat{\lambda}_j)] \\
&= \sum_{j|t_j \le t} \mathrm{Var}[\log(1-\hat{\lambda}_j)] \\
&= \sum_{j|t_j \le t} \frac{1}{(1-\hat{\lambda}_j)^2} \mathrm{Var}(1-\hat{\lambda}_j)
\end{aligned} \tag{3.7}$$

第 2 式から第 3 式は, **積率法 (method of moments)** を用いた.

すなわち, $f(x) \doteqdot f(x_0) + (x-x_0)f'(\xi)$, ただし ξ は x と x_0 の間にある数, より, $f(x) = \log(x)$ の分散は,

$$\mathrm{Var}(f(x)) = V(x)\{f'(\xi)\}^2$$

一方,

$$\mathrm{Var}(1-\hat{\lambda}_j) = \mathrm{Var}\hat{\lambda}_j = \frac{d_j(n_j-d_j)}{n_j^3}$$

なので, 式 (3.7) は

$$\sum_{j|t_j \le t} \frac{d_j}{n_j(n_j-d_j)}$$

積率法により,

$$\mathrm{Var}[\hat{F}(t)] = \mathrm{Var}[\log \hat{F}(t)] \left\{ \left[e^{\log \hat{F}(t)} \right]' \right\}^2$$
$$= \{\hat{F}(t)\}^2 \sum_{j|t_j \leq t} \frac{d_j}{n_j(n_j - d_j)}$$

参考文献

[1] Kalbfleisch, J. D. and Prentice R. L.: *The Statistical Analysis of Failure Time Data.* Wiley, New York (1980).

[2] Machin, D., Cheung, YB.: Parmar, MKB., *Survival Analysis.* Wiley, Chichester (2006).

[3] Chiang, C. L.: *Introduction to stochastic processes in Biostatistics.* Wiley, New York (1968)

第4章 生存率の差の検定

前章では,打ち切りデータを含む生存時間データから,生存率を推定する方法を解説した.疾患によって異なるが,たとえば,胃癌患者の場合,臨床進行期IIの5年生存率は73%である,と記述できる.本章では,複数の生存率曲線に有意な差があるかどうかを検定する方法,**ログランク検定 (log-rank test)** を中心に説明する (Machin et al.[1]).

ログランク検定は,統計解析ソフトウェア SAS, SPSS, BMDP, StatXact, JMP, STATA などで実行可能である.ログランク検定以外にも,**一般化 Wilcoxon 検定 (generalized Wilcoxon test)** や Peto-Prentice の検定などがあるが,ある条件の下で(後述),ログランク検定の検出力は,他の検定法に比べて高いことが知られている (Latta [2]).

4.1 生存率曲線の差の検定

生存率曲線の有意差検定は,治療効果判定や予後因子の同定,リスク分類の作成においてしばしば用いられる.たとえば,臨床試験では,新薬を投与した群と対照群(無治療もしくは従来の治療を施した群)の生存率曲線の有意差を検定することにより,新薬の治療効果を評価する.また,予後因子の同定やリスク分類の作成では,生存予後,すなわち,ある事象(手術,診断日,治療開始日など)から死亡などのイベント発生までの期間に重大な影響を与える因子が何かを探索し,それらを使って対象症例の生存予後をスコア化する.

4.2 生存率曲線の比較の事例

輸血を行うと術後癌患者の免疫力が低下し,癌が再発しやすくなり結果的に生存率を低下させるのではないかという医学的仮説が1980年代にあった.この仮説の真偽を検証するために,胃癌患者の生存時間データが後ろ向きに

収集された (Moriguchi et al.[3]). 図 4.1 は，進行胃癌治癒切除症例 568 例の中で，術中輸血を行った群（輸血群：373 例）と輸血を行わなかった群（非輸血群：195 例）の術後生存率を Kaplan-Meier 法で描いたものである．

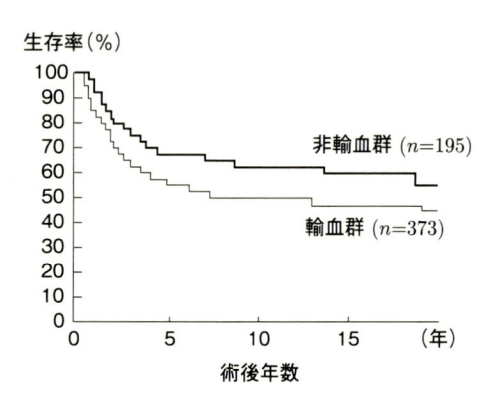

図 4.1 進行胃癌治癒切除症例で術中輸血を行った群と行わなかった群の生存率曲線

輸血群，非輸血群の生存率を比較すると，5 年生存率，10 年生存率で約 15% の差，15 年生存率で 20% 程度の差がある．ある一時点 t での 2 群の生存率の差は，Greenwood の公式（第 3 章 3.6 節参照）に基づく 95% 信頼区間を使って検定できる．しかし，たとえば，「2 群間で，3 年目，15 年目の生存率には有意な差が認められ，5 年目と 10 年目では有意差は認められなかった」という結論が得られたとしても，臨床上，この結果を利用することは難しい．「15 年間の生存時間を考え，2 群の生存率曲線に有意な差がある」という結果を得ることが望ましい．このような生存率曲線全体の差を検定する方法が**ログランク検定（log-rank test** または **savage test）**である．この方法は，比較する群のハザードの比がほぼ一定であるとき，他の検定方法に比べて検出力の高い方法であることが知られている．ログランク検定の名前の由来については，中村 [4] の著書を参照されたい．

図 4.1 の 2 群の生存率曲線の有意差検定を考える．輸血群の生存率曲線を $F_1(t)$，非輸血群の生存率曲線を $F_2(t)$，$0 \leq t \leq t_0$，とおいたとき，帰無仮

表 4.1 治療法 A, B の各群 5 例の生存時間データ

治療法 A			治療法 B		
症例 No.	生存時間（月）	生死	症例 No.	生存時間（月）	生死
7	20	D	5	12	D
1	36	D	10	24	D
9	40	A	4	24	A
6	50	D	2	30	D
3	60	A	8	42	D

説,対立仮説は以下のとおりである.

帰無仮説：$F_1(t) = F_2(t)$

対立仮説：$F_1(t) \neq F_2(t)$（ある t に対して）

この仮説をログランク検定で検定すると p 値 < 0.01 となり,「輸血群と非輸血群の生存率曲線には有意な差があり,輸血群は非輸血群に比べて 15 年間の生存率曲線が有意に低下している. (p < 0.01)」という結論を得る.

この解析では,輸血の有無という単一因子が生存時間に影響を与えているかどうかを調べている.このような**単一因子解析 (univariate analysis)** の結果は,注意深く解釈する必要がある.輸血の有無と生存時間の両方に影響を与える他の因子が介在する可能性があるからである.他の予後因子による補正の必要性については 6 章 6 節で述べるが,Cox の比例ハザードモデルを使い他の予後因子（腫瘍長径,深達度（胃壁への癌の浸潤の程度），リンパ節転移等）と輸血の有無との内部相関を補正すると,上で得られたログランク検定の結果は**見かけ上の有意差**であることがわかり,輸血の有無と相関をもつ他の予後因子が生存余命に重大な影響な影響を与えている (Moriguchi et al.[3]).

4.3 ログランク検定（2 群比較の場合）

2 群比較におけるログランク検定の検定統計量を,表 4.1 の A 群と B 群の生存時間データを例に説明する.表 4.1 では, A 群, B 群それぞれ 5 例ずつ登録され, 60 か月の追跡調査が行われている.各死亡時間において,それぞれ,群と転帰の 2×2 表のクロス集計表を作成し,その表から A 群の期待死亡数,

B群の期待死亡数,さらには,A群の死亡数の分散を計算した結果を表4.2に示す. $E_{A,t}, E_{B,t}$ は t の直前のリスク集合と死亡数が与えられた下での A群,B群の死亡数の期待値, V_t は死亡数の分散を表わす.

たとえば,生存時間12ヶ月目には,B群で1例死亡が発生している.このとき,

A群の期待死亡例数 $(E_{A,12}) = 1 \times 5/10 = 0.5$
B群の期待死亡例数 $(E_{B,12}) = 1 \times 5/10 = 0.5$
A群の死亡数の分散 $(V_{12}) = 5 \times 5 \times 1 \times 9/(10 \times 10 \times 9) = 0.25$

となる.上の例での計算結果と一般的な計算方法を表4.3に示した.異なる死亡時間は合計7時点であるから,7時点の $E_{A,t}, E_{B,t}, V_t$ を足し合わせて表4.2の最終行にある結果を得る.ここで,

$$O_A = \sum_t O_{A,t},\ \ O_B = \sum_t O_{B,t},\ \ E_A = \sum_t E_{A,t},\ \ E_B = \sum_t E_{B,t}$$

である.これらの統計量を使って,ログランク検定の検定統計量は

$$\chi^2_{\text{Logrank}} = \frac{(O_A - E_A)^2}{E_A} + \frac{(O_B - E_B)^2}{E_B}$$

であり,自由度1のカイ2乗検定に従うことにより検定できる.

4.4　ログランク検定（3群以上の場合）

いま,比較したい群が r 個 $(r \geqq 3)$ あるとして,生存率関数 $F_1(t), \ldots, F_r(t)$ がみな等しいかどうかを検定する. r 個の標本を一まとめにした標本での生存時間を $t_1 < t_2 < \cdots < t_k$ と書く. $t_j (j = 1, \ldots, k)$ で起こった死亡数を d_j, t_j の直前でのリスク集合（その時点で生存中で追跡可能な症例の集合）の個体数を n_j とする.同様に, i 群 $(i = 1, \ldots, r)$ における死亡例数とリスク集合の個体数を,それぞれ d_{ij}, n_{ij} とする. t_j におけるデータは, i 番目 $(i = 1, \ldots, r)$ の行が死亡例数 d_{ij},生存例数 $n_{ij} - d_{ij}$ である $r \times 2$ 分割表にまとめることができる.

t_j までの死亡,生存に関する情報が得られているという条件の下で, $d_{1j}, \ldots, d_{rj}$ の分布を求めると

4.4 ログランク検定（3群以上の場合）

表 4.2 死亡時点 t での A 群, B 群の期待度数と死亡例数の分散

生存時間の短い症例から順に並べている．順位 4, 7, 10 は打ち切り例である．$E_{A,t}, E_{B,t}$ は t における各群での死亡数の期待値，V_t は死亡数の分散を表わす．

症例番号	順位	生存時間A	生存時間B	群	死亡例数	生存例数	合計	E_{At}	E_{Bt}	V_t
5	1		12	A	0	5	5			
				B	1	4	5			
					1	9	10	0.5	0.5	0.25
7	2	20		A	1	4	5			
				B	0	4	4			
					1	8	9	0.556	0.444	0.247
10	3		24	A	0	4	4			
				B	1	3	4			
					1	7	8	0.5	0.5	0.25
4	4		24+	（打ち切り例）						
2	5		30	A	0	4	4			
				B	1	1	2			
					1	5	6	0.667	0.333	0.222
1	6	36		A	1	3	4			
				B	0	1	1			
					1	4	5	0.8	0.2	0.16
9	7		40+	（打ち切り例）						
8	8		42	A	1	1	2			
				B	1	0	1			
					1	2	3	0.667	0.333	0.222
6	9	50		A	1	1	2			
				B	0	0	0			
					1	1	2	1	0	0
3	10		60+	（打ち切り例）						
合計		O_A =3	O_B =4					E_A =4.689	E_B =2.311	V =1.351

表 4.3 各死亡時点での期待度数と死亡例数の分散を計算するための公式

(a) $t = 12$ における計算結果

治療群	死亡	生存	合計	$O_{A,12}$	$O_{B,12}$	$E_{A,12}$	$E_{B,12}$	V_{12}
A	0	5	5					
B	1	4	5					
合計	1	9	10	0	1	0.5	0.5	0.25

(b) 時間 t における一般的な計算方法

治療群	死亡	生存	合計			$E_{A,t}$	$E_{B,t}$	V_t
A	a_t	c_t	m_t					
B	b_t	d_t	n_t					
合計	r_t	s_t	N_t	a_t	b_t	$\dfrac{r_t m_t}{N_t}$	$\dfrac{r_t n_t}{N_t}$	$\dfrac{m_t n_t r_t s_t}{N_t^2(N_t-1)}$

表 4.4 比較する群が 3 群以上の場合の時間 t_j における生存時間データ

時間 t_j	群				
	G_1	G_2	$\cdots$	G_r	計
死亡	d_{1j}	d_{2j}	$\cdots$	d_{rj}	d_j
生存	$n_{1j} - d_{1j}$	$n_{2j} - d_{2j}$	$\cdots$	$n_{rj} - d_{rj}$	$n_j - d_j$
計	n_{1j}	n_{2j}	$\cdots$	n_{rj}	n_j

$$\prod_{i=1}^{r} \binom{n_{ij}}{d_{ij}} \lambda_j^{d_{ij}} (1 - \lambda_j)^{n_{ij}}$$

ただし, λ_j は t_j におけるハザードで, r 群の生存率がすべて等しいという帰無仮説の下では r 群で共通の値である. d_j が与えられた下での $d_{1j}, \ldots, d_{rj}$ の条件付分布は

$$\prod_{j=1}^{r} \frac{\binom{n_{ij}}{d_{ij}}}{\binom{n_j}{d_j}} \tag{4.1}$$

(4.1) から d_{ij} の条件付平均 e_{ij} と条件付分散 $(V_j)_{ii}$ を求めると, それぞれ

$$e_{ij} = n_{ij} d_j n_j^{-1},$$

$$(V_j)_{ii} = n_{ij}(n_j - n_{ij})d_j(n_j - d_j)n_j^{-2}(n_j - 1)^{-1}.$$

また, d_{ij} と d_{lj} の条件付共分散は

$$(V_j)_{il} = -n_{ij}n_{lj}d_j(n_j - d_j)n_j^{-2}(n_j - 1)^{-1}.$$

したがって, 統計量 $v'_j = (d_{1j} - e_{1j}, \ldots, d_{rj} - e_{rj})$ は平均 0, 分散行列 V_j である.

死亡時間について合計をとった $v = \sum_{1}^{k} v_j$ がログランク統計量である. したがって, 各死亡時点での死亡例数から期待度数をひいたものを各群で求めている. もし, k 個の分割表が独立である (死亡が独立に発生する) ならば, ログランク統計量 v の分散は $v = v_1 + \cdots + v_k$ である. 最終的に, r 群の生存率曲線がすべて等しいことを検定するために, 検定統計量として $v'V^{-1}v$ を用い, これが漸近的に自由度 $(r-1)$ のカイ 2 乗分布 χ^2_{r-1} に従うことを利用する. Excel でカイ 2 乗検定統計量に対応する p 値を求める場合, chidist 関数を用い, =chidist(カイ 2 乗値, 自由度) とすればよい.

4.5　2 群比較の場合の別の定式化

Mantel-Haenszel の検定の応用により, 2 群の生存率曲線を比較する際のログランク検定統計量 MH は

$$MH = \frac{\sum_{j=1}^{k}(d_{1j} - e_{1j})}{\sqrt{\sum_{j=1}^{k}(V_j)_{11}}}$$

と表せる. すなわち, それぞれの死亡時点での 2×2 表から $d_{1j}, e_{1j}, (V_j)_{11}$ を求め, 分母分子で死亡時点数の総和を取ったものである. この MH を 2 乗すると, 前の節で定式化した $v'V^{-1}v$ の自由度 1 の場合に等しい. 死亡が独立に起こると仮定すると, この MH は漸近的に平均 0, 標準偏差 1 の正規分布に従う.

Tarone and Ware [5] は, 死亡時点ごとの 2×2 表に重みづけをすることを

考えた．すなわち，以下の統計量を考える．

$$TWw_j = \frac{\sum_{j=1}^{k} w_j(d_{1j} - e_{1j})}{\sqrt{\sum_{j=1}^{k} w_j^2(v_j)_{11}}}$$

w_j に与えられる数値により，異なる検定統計量と検定方法が導き出される．

(1) $w_j = 1$ のとき，Mantel-Haenszel 統計量となり，**ログランク検定**で使われる．

(2) $w_j = n_j$ のとき，Gehan の統計量となり，**一般化 Wilcoxon 検定**で使われる．

(3) $w_j = \sqrt{n_j}$ のとき，Tarone and Ware の検定統計量となり，**Tarone-Ware 検定**で使われる．

これ以外にも，後半に発生する死亡にはリスク集合のサイズに応じた小さな重みづけを行う方法が Peto-Prentice より提唱されている．

4.6 ログランク検定の計算例

表 4.1 に基づき，A 群，B 群の 2 生存率曲線の差をログランク検定で検定する．4.4 節の公式を用いると，検定統計量 v とその分散行列 V は以下のようになる．

$$v = \begin{pmatrix} 3 - 4.689 \\ 4 - 2.311 \end{pmatrix} = \begin{pmatrix} -1.689 \\ 1.689 \end{pmatrix}$$

$$V = \begin{pmatrix} 1.351 & -1.351 \\ -1.351 & 1.351 \end{pmatrix}$$

よって，$\chi_1^2 = (1.689)^2(1.351)^{-1} = 2.111$，p 値 $= 0.146$ であり，2 群の生存率曲線に有意な差は認められない，という結果を得る．途中の計算式は表 4.2 に示されているが，その要約を表 4.5 に示した．

表 4.5 ログランク検定における計算過程

生存時間	A群死亡	A群生存	B群死亡	B群生存	A群合計	B群合計	死亡合計	生存合計	合計
12	0	5	1	4	5	5	1	9	10
20	1	4	0	4	5	4	1	8	9
24	0	4	1	3	4	4	1	7	8
30	0	4	1	1	4	2	1	5	6
36	1	3	0	1	4	1	1	4	5
42	0	2	1	0	2	1	1	2	3
50	1	1	0	0	2	0	1	1	2

生存時間	A群平均	B群平均	対角の分散	対角以外の分散	A群検定統計量	B群検定統計量
12	0.500	0.500	0.250	−0.250	−0.50	0.50
20	0.556	0.444	0.247	−0.247	0.44	−0.44
24	0.500	0.500	0.250	−0.250	−0.50	0.5
30	0.667	0.333	0.222	−0.222	−0.67	0.67
36	0.800	0.200	0.160	−0.160	0.20	−0.20
42	0.667	0.333	0.222	−0.222	−0.67	0.67
50	1.000	0.000	0.000	0.000	0.00	0.0
	4.689	2.311	1.351	−1.351	−1.69	1.69

4.7 生存率曲線の有意差検定の事例—小児特発性ネフローゼ症候群患者の在院率解析—

入院患者診療費の包括評価制度の導入により，日本の急性期病院では入院患者の在院日数短縮が重要な課題となっている．この制度では，1患者1入院1日あたりの診療報酬が在院日数の長期化により減額されるからである．Toyabe et al.[6] は，小児特発性ネフローゼ症候群の在院日数に有意な影響を与える因子を統計学的に探索し，病院側が改善できる要因があれば在院日数短縮につなげたい，という目的で生存時間解析を行った．大学病院の78例の小児特発性ネフローゼ症候群患者の27因子（年齢，性別，各種検査値，臨床所見等）を収集し，それぞれの因子が在院日数の長短に影響を与えているか否

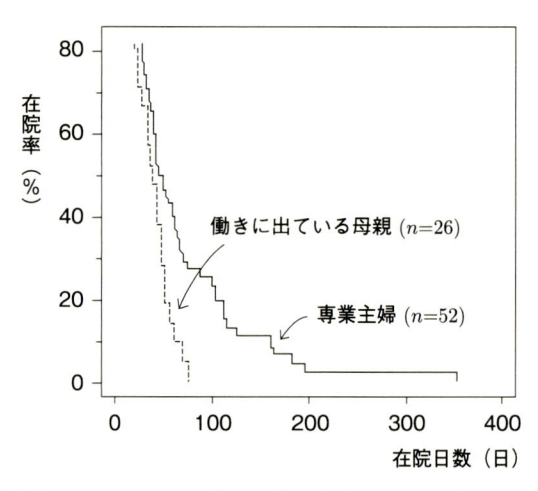

図 4.2 小児特発性ネフローゼ症候群の在院率解析．母親の職業の有無で群分けした在院率曲線

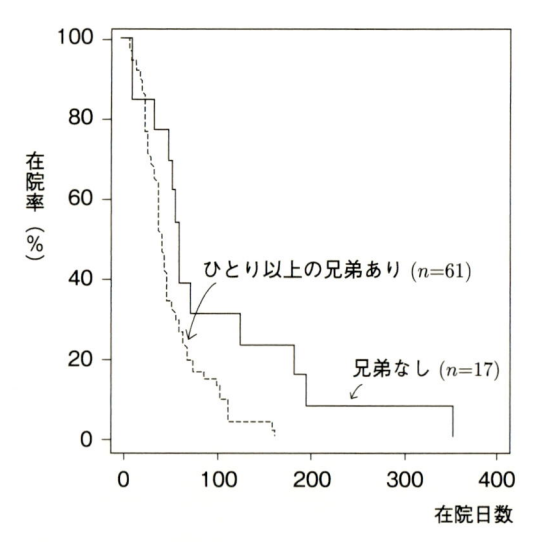

図 4.3 小児特発性ネフローゼ症候群の在院率解析・患児の兄弟の有無で群分けした在院率曲線

4.7 生存率曲線の有意差検定の事例—小児特発性ネフローゼ症候群患者の在院率解析—

かをログランク検定により検討した．時間依存型の Cox の比例ハザードモデルの適用など，詳細なデータ解析の説明は鳥谷部らの原著に書かれている．最終的な結果として，「母親の職業の有無」と「患児の兄弟の有無」が在院日数の長短に有意な影響を与えていることが分かった．図 4.2 は，母親の職業の有無で群分けした在院率曲線，図 4.3 は，患児の兄弟の有無で群分けした在院率曲線を示している．横軸は入院日から起算した在院日数である．ログランク検定による在院率曲線の検定では，これら 2 因子について有意水準 5% で有意差を認めた．すなわち，母親が働いていたり，患者の兄弟が 1 人以上いると在院日数は有意に短縮するという結果を得た．小児特発性ネフローゼ症候群患者の在院日数については，患者家族の都合でその長短が左右されることが示唆された．

上述の検定はログランク検定で行われたが，ログランク検定，一般化 Wilcoxon 検定，Tarone-Ware の検定，Peto-Prentice 検定で行った結果を表 4.6 に示した．母親の職業の有無別の在院率曲線の比較では，有意水準 5% で 4 検定とも有意差ありの結果を得た．一方，患児の兄弟の有無別の比較では，ログランク検定と Tarone-Ware 検定では有意差ありの結果となったが，一般化

表 4.6 小児特発性ネフローゼ症候群患者の在院率曲線比較に関する四つの検定結果

(a) 母親の職業の有無

検定結果	カイ 2 乗検定	p 値
ログランク検定	7.60	0.006
一般化 Wilcoxon 検定	4.73	0.030
Tarone-Ware 検定	5.91	0.015
Peto-Prentice 検定	4.79	0.029

(b) 患者の兄弟の有無

検定結果	カイ 2 乗検定	p 値
ログランク検定	5.71	0.017
一般化 Wilcoxon 検定	3.07	0.080
Tarone-Ware 検定	4.07	0.044
Peto-Prentice 検定	3.09	0.079

Wilcoxon 検定と Peto-Prentice 検定で有意差なしの結果となった.

4.8 層別ログランク検定

複数の群間で生存率曲線を比較する際に, 生存率曲線がその群分け以外に他の因子の影響を受けることがある. たとえば, 表 4.7 は治療法の違いにより A 群 (新治療群) と B 群 (対照治療群) に分けられているが, 臨床進行期がⅡの症例とⅢの症例が混在しているとする. 臨床進行期の異なる症例が A 群, B 群にそれぞれに混在することは「症例が不均一である」となり, 8.2 節で説明するように単純ログランク検定の**検出力 (statistical power)** を下げることになる (Schumacher et al.[7]). さらには, もし, A 群と B 群でⅡとⅢの症例に偏りが生じているとすれば, 臨床進行期に関する**「臨床進行期の分布の不均等」(imbalance)** が生じたことになり, 検定のサイズ (帰無仮説が正しいときに帰無仮説が誤って棄却される確率) に影響を与え 2 群の比較可能性そのものが保証されない (Kinukawa et al.[8]). 無作為化臨床試験においても, 症例の不均一や因子の分布の不均等は程度に違いはあるにせよ生じうる. さらにまた, 無作為化臨床試験以外の生存時間解析では, 症例が均一であり, 既知の因子の分布についても均等であるのは稀有であろう.

表 4.7 層別因子がある場合の臨床試験データの例 (集計表)

層別因子	新治療群	対照治療群	計
臨床進行期			
Ⅱ	16	14	30
Ⅲ	33	37	70
計	49	51	100

既知の予後因子が群分け因子と生存時間の両方に与える影響を除去する方法として, **層別ログランク検定 (stratified log-rank test)** がある. 層別ログランク検定では, まず, 比較する S 個の群内で層別すべき予後因子を使って層別する. この因子を**層別因子 (stratified factor)** と呼ぶ. 次に, 表 4.4 と同じ統計量 $O_{Ai}, E_{Ai}, O_{Bi}, E_{Bi}$ を各層 ($i = 1, \ldots, s$) で計算し最後に合算し

検定統計量 $\chi^2_{\text{stratified}}$ を求める．数式を用いると $\chi^2_{\text{stratified}}$ は次のように表すことができる．

$$\chi^2_{\text{stratified}} = \frac{\left\{\sum_{i=1}^{s}(O_{Ai}-E_{Ai})\right\}^2}{\sum_{i=1}^{s}E_{Ai}} + \frac{\left\{\sum_{i=1}^{s}(O_{Bi}-E_{Bi})\right\}^2}{\sum_{i=1}^{s}E_{Bi}}$$

2 群の比較においては，この検定統計量は自由度 1 のカイ 2 乗検定に従う．

4.9 ハザード比

表 4.2 の計算結果から，$O_B/E_B = 4/2.311 = 1.73$ を得るが，これは B 群の相対的な死亡率を表している．この値が 1 より大きいとき，B 群の死亡例数は「A 群と B 群の生存率は等しい」という帰無仮説の下での期待死亡例数より大きいことを意味する．一方，A 群の相対的な死亡率は $O_A/E_A = 3/4.689 = 0.64$ であり，帰無仮説の下で期待される死亡例数より小さい死亡例数である．これらの値を使い A 群の B 群に対する相対的な死亡リスクを以下のように定義する．

$$HR = \frac{O_A/E_A}{O_B/E_B}$$

この比のことを**ハザード比 (hazard ratio)** と呼ぶ．この推定値の 95%信頼区間は以下のとおりである．

下限値：$\exp[\log(HR) - [Z_{1-\alpha/2} \times SE(\log(HR))]$
上限値：$\exp[\log(HR) + [Z_{1-\alpha/2} \times SE(\log(HR))]$

ただし，$Z_{1-\frac{\alpha}{2}}$ は，標準正規分布の上側確率が $1-\frac{\alpha}{2}$ となる Z 値であり，$\log(HR)$ の**標準誤差 (standard error)** は

$$SE(\log(HR)) = \sqrt{(\frac{1}{E_A} + \frac{1}{E_B})}$$

である．

4.9.1 ハザードの計算例

表 4.2 の生存時間データに関して，ハザード比を求めると

$$HR = \frac{O_A/E_A}{O_B/E_B} = 0.37$$
95%信頼区間 $= (0.077, 1.790)$

であり，1より小さい．したがって，A群はB群に比べてより小さな死亡率であることが示唆される．これは，A群とB群の死亡率を相対的に評価する一つの推定値である．ログランク検定では，p値が0.146であり有意差が認められなかったが，症例数が十分ある場合には，B群の生存率はA群に比べて有意に低いことが立証される可能性がある．

参考文献

[1] Machin, D., Cheung, YB. and Parmar, MKB.: *Survival Analysis*. Wiley, Chichester (2006).

[2] Latta, R. B.: A monte carlo study of some two-sample rank tests with censored data., *Journal of the American Statistical Association*, 76, 713-719 (1981).

[3] Moriguchi, S., Maehara, Y., Akazawa, K., Sugimachi, K. and Nose, Y., Lack of relationship between perioperative blood transfusion and survival time after curative resection for gastric cancer. *Cancer*, 66, 2331-35, 1990.

[4] 中村　剛:『Cox比例ハザードモデル』，朝倉書店　(2001).

[5] Tarone, R. E. and Ware, J. On distribution free tests of the quality of survival distributions. *Biometrika*, 64, 156-160 (1977).

[6] Toyabe, S., Cao, P., Abe, T., Uchiyama, M. and Akazawa, K.: Impact of sociocultural factors on hospital length of stay in children with nephrotic syndrome in Japan. *Health Policy*, 76: 259-265, 2006.

[7] Schumacher, M., Olshewski, M. and Schmoor, C.: The impact of heterogeneity on the comparison of survival times. *Statistics in Medicine*, 6, 773-784 (1987).

[8] Kinukawa, N., Nakamura, T. Akazawa, K. and Nose, Y.: The impact

of covariate imbalance on the size of the log-rank test in randomized clinical trials. *Statistics in Medicine*, 19, 1995-1967 (2000).

第5章　生存時間解析における回帰モデル

生存時間解析では，診断時年齢，性別，生活習慣，先天的要因などの**共変量**（covariates; ここでは予後因子と同義で扱う）と生存時間との関係を定量的に評価することを目的として，生存時間解析用の回帰モデルがしばしば用いられる．各共変量と生存時間との関係は回帰係数で表され，パラメータの推定は最尤推定法により行われる．

本章では，まず，生存時間回帰モデルによる尤度関数を考える際に，打ち切り時間の分布をどう考えるのか説明する．この打ち切り時間の分布に関する仮定のことを，**センサリング・メカニズム (censoring mechanism)** と呼ぶ．

次に，生存時間回帰モデルのいくつかをハザード関数，生存率関数の関係を明らかにしながら解説する．さらには，モデルの適合性チェックの方法と極値分布についても説明する．

5.1　打ち切り時間の分布

生存時間解析の研究において，収集される生存時間データを

$$(t_i, \delta_i, \bm{z_i}), \quad \text{ただし，} \quad 1 \leqq i \leqq n, \quad n \text{はサンプル数},$$

と表す．δ_i は，$\delta_i = 1$ のとき i 番目の症例は死亡（または，決められたイベントの発生），$\delta_i = 0$ のとき i 番目の症例は打ち切りを表す指示関数である．t_i は $\delta_i = 1$ のとき i 番目の症例の生存時間（イベント発生までの時間），$\delta_i = 0$ のとき i 番目の症例の打ち切り発生までの時間を表す．$\bm{z_i}$ は s 個の共変量からなる共変量ベクトルである．

生存時間モデルのパラメータベクトルを $\bm{\theta}$ とおき，生存率関数を $F(t_i^0; \bm{\theta}, \bm{z_i})$，確率密度関数を $f(t_i^0; \bm{\theta}, \bm{z_i})$ とおく．ここで，t_i^0 は i 番目の症例の真の生存時間を表す．$\delta_i = 1$ のとき，$t_i = t_i^0$ であるが，$\delta_i = 0$ のとき t_i^0 は観察されない．

θ の尤度関数を考える際に，打ち切り時間の分布と生存時間の分布との関係を考える．i 番目の症例の打ち切り時間を表す確率変数を C_i として，その生存率関数を $G_i(c)$，確率密度関数を $g_i(c)$ とする．

ほとんどの生存時間解析では，センサリング・メカニズムとして，次のランダムな発生を仮定する．すなわち，**ランダム・センサリング (random censoring)** とは，$C_1, \ldots, C_n$ が互いに独立であり，かつ，真の死亡までの時間の確率変数 $T_i^0, \ldots, T_n^0$ とも独立であることをいう．

5.2 ランダム・センサリングの例

ランダム・センサリングについては，典型的な例として，**タイプ I センサリング (Type I censoring)** と**タイプ II センサリング (Type II censoring)** の二つがある [Kalbfleisch 1]．

5.2.1 タイプ I センサリング

タイプ I センサリングは，それぞれの症例の打ち切り時間がその症例の観察開始時点で決められていることをいう．たとえば，被験者が 2006 年 9 月 1 日に臨床試験に登録され，事前に決められた観察終了時点は 2008 年 8 月 31 日であるとすると，打ち切り時間は 24 か月である．これは，他の症例の打ち切り時間や死亡までの時間には関係なく決められる．生存時間，無再発時間を評価尺度とする臨床試験などでこの打ち切り方法が使われる．

5.2.2 タイプ II センサリング

タイプ II センサリングは，実験前あるいは試験前に決めた数 d に対して，d 番目の死亡が発生した時点で他の追跡中の症例は打ち切り例とするセンサリング・メカニズムをいう．

これらのランダム・センサリングは，生存時間解析の尤度関数の構築において重要となる．また，予後因子が生存率（あるいは生存時間）を予測する能力がどれくらいあるのかを定量的に表わす説明能力係数の推定（線形回帰分析の重相関係数）においても大切な仮定となる．

5.3 ランダム・センサリングに基づく尤度関数

ランダム・センサリングが仮定されているとき,i 番目の症例が死亡例である場合,

$$P[T_i \in (t, t+dt), \delta_i = 1; \boldsymbol{z_i}, \boldsymbol{\theta}] = P[T_i^0 \in (t, t+dt), C_i > t; \boldsymbol{z_i}, \boldsymbol{\theta}]$$
$$= G_i(t) f(t; \boldsymbol{\theta}, \boldsymbol{z_i}) dt$$

である.また,打ち切り例である場合,

$$P[T_i \in (t, t+dt), \delta_i = 0; \boldsymbol{z_i}, \boldsymbol{\theta}] = g_i(t) F(t; \boldsymbol{\theta}, \boldsymbol{z_i}) dt$$

である.

もし,$(t_i, \delta_i), i = 1, \ldots, n$,が独立で,打ち切りの発生がノンインフォーマティブ (noninformative),すなわち,$G_i(t)$ は θ を含まない(打ち切り例の生存率関数には推定すべきパラメータ θ は含んでいない)ならば,$\{(t_i, \delta_i, z_i); i = 1, \ldots, n\}$ に対する尤度関数は

$$L(\boldsymbol{\theta}) \propto \prod_{i=1}^{n} f(t_i; \boldsymbol{\theta}, \boldsymbol{z_i})^{\delta_i} F(t_i; \boldsymbol{\theta}, \boldsymbol{z_i})^{1-\delta_i}. \tag{5.1}$$

となる.結果的に,尤度は $L(\boldsymbol{\theta}) = \prod L_i(\boldsymbol{\theta})$,ただし,$L_i(\boldsymbol{\theta})$ は死亡例に対しては $f(t_i; \boldsymbol{\theta}, \boldsymbol{z_i})$,打ち切り例に対しては $F(t_i; \boldsymbol{\theta}, \boldsymbol{z_i})$ という形で表される.尤度関数が式 (5.1) で表されるとき,このセンサリング・メカニズムのことを,**独立センサリング (independent censoring)** と呼ぶ.

5.4 生存時間モデルの尤度関数の例

以下の例では,対象とする母集団が均一(共変量 z がない)であり,生存時間がハザード λ の指数モデルに従うとする(本章 5.6.2 参照).上の記号に従うと,$\boldsymbol{\theta} = \lambda$,$F(t; \boldsymbol{z}, \boldsymbol{\theta}) = F(t; \lambda) = e^{-\lambda t}$,$f(t; \boldsymbol{z}, \boldsymbol{\theta}) = \lambda e^{-\lambda t}$ なので,打ち切り例がない場合,

$$L(\lambda) = \lambda^n \exp(-\lambda V) \quad \text{ただし}, V = \sum_{i=1}^{n} t_i$$

であり,最尤推定値は $\hat{\lambda} = n/V$ となる.

以下の例では,打ち切り条件を変えたときの尤度関数とそれから推定される最尤推定値が示されている.

5.4.1 タイプIIセンサリングの下での指数モデルの尤度関数

タイプIIセンサリングの場合を考える.すなわち,n 症例が同時に研究に登録され,予め決められた数 d に対して,d 番目の死亡が発生した時点で研究を終了する.したがって,残りの $(n-d)$ 例は打ち切り例となる.d 例の死亡時間を小さい方から順に並べかえて $t_{(1)} < t_{(2)} < \ldots < t_{(d)}$ とすると,$t_{(i)}$ の死亡例の尤度への寄与は $\lambda \exp(-\lambda t_{(i)})$,$i=1,\ldots,d$,また,$t_{(d)}$ で打ち切り例となった $(n-d)$ 例の症例の尤度への寄与は $\exp(-\lambda t_{(d)})$ なので,尤度関数は

$$L(\lambda) = \lambda^d \exp(-\lambda V) \quad \text{ただし},\ V = \sum_{i=1}^{d} t_i + (n-d)t_{(d)}$$

である.このとき,最尤推定値は $\hat{\lambda} = d/V$ となる.

5.4.2 タイプIIセンサーシップ以外の独立センサリングメカニズムでの尤度関数

尤度関数がタイプIIセンサーシップ以外の"独立センサリング・メカニズム"の場合,尤度関数は

$$L(\lambda) = \lambda^d \exp(-\lambda V)$$
$$\text{ただし},\quad d = \sum \delta_i,\ V = \sum t_i \delta_i + \sum t_i(1-\delta_i) = \sum t_i$$

であり,V 以外にランダムな死亡例数 d を含む.最尤推定値は $\hat{\lambda} = d/V$ である.

5.4.3 タイプIセンサーシップの下での尤度関数

タイプIセンサーシップのとき,各症例の研究登録時に決められる打ち切り時間を,$c_1,\ldots,c_n$ とすると

$$V = \sum_{i=1}^{n}[(1-\delta_i)c_i + \delta_i t_i^0]$$

ただし，t_i^0 は真の死亡時間を表す．

5.5 回帰モデルのパラメータ推定 —最尤推定法の適用—

ある程度大きな標本が得られているとき，生存時間解析における回帰モデルのパラメータは**最尤推定法** (maximum likelihood esimation) で推定される．データは n 個の独立な観察値ベクトル $(\boldsymbol{x_1}, \boldsymbol{x_2}, \ldots, \boldsymbol{x_n})$ で構成されているとする．ランダム・センサリングの仮定において，推定されるべきパラメータを $\boldsymbol{\theta}' = (\theta_1, \ldots, \theta_p)$ とすると $\boldsymbol{\theta}$ の尤度関数は, (2.4) と (2.5) より

$$\begin{aligned}L(\boldsymbol{\theta}) &= \prod_{i=1}^{n} L_i(\boldsymbol{\theta}; \boldsymbol{x_i}) \\ &= \prod_{i=1}^{n} \lambda(t_i, \boldsymbol{\theta}, \boldsymbol{x_i})^{\delta_i} \exp\left[-\int_0^{\infty} \sum_{j \in R(u)} \lambda_j(u; \boldsymbol{\theta}, \boldsymbol{x_j}) du\right]\end{aligned}$$

ただし，$L_i(\boldsymbol{\theta}; \boldsymbol{x_i})$ は観察値 $\boldsymbol{x_i}$ の確率密度関数もしくは生存率関数，である．帰無仮説：$\boldsymbol{\theta} = \boldsymbol{0}$ に関する検定については，漸近理論にもとづくスコア法，最尤推定法，尤度比検定法があり，Newton-Raphson 法とともにこの章の付録で説明している．

5.6 生存時間モデル

生存時間モデルは，生存時間分布（生存率関数）を特徴づけるために用いられる．第2章で説明したように，生存時間分布や確率密度関数はハザード関数を使って表現される．したがって，時間 t におけるハザードをそれに関連する因子やパラメータを使ってモデル化することになる．たとえば，後述する指数モデルは，ある臨床所見が x（所見ありが $x=1$，所見なしが $x=0$）の症例の時間 t におけるハザードの大きさ $\lambda(t)$ を

$$\lambda(t|x) = \alpha \exp(\beta x), \quad \text{ここで，} \alpha, \beta \text{は定数}$$

と表す．定数 α，β は，この指数モデルの形状を決定するパラメータである．

60　第 5 章　生存時間解析における回帰モデル

このパラメータは収集した生存時間データを用いて推定される．

生存時間データがあれば Kaplan-Meier 法により生存率関数は推定できるのに，なぜモデル化が必要なのであろうか？

上の例で，臨床所見ありの群となしの群の生存率関数を，Kaplan-Meier 法で推定した場合と指数モデルで推定した場合とでどういう違いがあるかを考えてみる．Kaplan-Meier 法での推定では，たとえば，「所見ありの群となしの群の 5 年生存率は，それぞれ，65% と 75% である．」という特徴づけしかできない．一方の指数モデルでは，モデルのデータへの適合が良好であれば Kaplan-Meier 法と同じ 5 年生存率の推定もできるほか，所見なしの群に比べて所見ありの群の死亡リスクを，

$$\frac{\lambda(t|x=1)}{\lambda(t|x=0)} = \exp(\beta)$$

で特徴づけできる．すなわち，モデル化により n 年生存率以外の有用な情報を得ることができる．

本章では，母集団が均一な場合（予後因子がすべて同一の値を取る場合）と不均一な場合（予後因子が個々の症例で別々の値を取る場合）に分け，代表的な生存時間モデルとその適用事例を紹介する．

5.6.1　均一な母集団における生存時間モデル

これまでの章と同様に，$T > 0$ は**均一な母集団 (homogeneous population)** における生存時間を表す確率変数，t は生存時間の観察値とする．ここで，**均一な母集団**とは，母集団を構成するすべての個体がまったく同じ性質（先天的要因，環境要因，生活様式等）を持つことを意味する．したがって，予後因子または共変量はすべての症例で同一となり，予後因子をモデルに加える必要がないことを意味する．ここでは，T ならびに $Y = \log T$，生存時間の自然対数，の生存時間モデルを考える．

5.6.2　指数モデルに従うハザード関数，生存率関数

均一な母集団を考えるとき，この 5.6 節の最初で記述した共変量をもつ**指数モデル (exponential model)** において，$\exp(\boldsymbol{\beta z})$ の項が必要なくなる．し

たがって，1パラメータのハザード関数

$$\lambda(t) = \lambda > 0 , \quad ただし，\lambda は定数$$

により定義される．この定義はハザードが時間 t と無関係であることを意味する．つまり，フォローアップ開始直後でもフォローアップの後半の方でも，どの時点においてもハザード（瞬間死亡率）が一定であると仮定している．

指数モデルの生存率関数と確率密度関数は，第2章での定義により，それぞれ，

$$F(t) = e^{-\lambda t} , \quad f(t) = \lambda e^{-\lambda t} \tag{5.2}$$

となる．図 5.1 は $\lambda = 0.4, 1.2$ のときの生存率曲線である．ハザードの値が大きいほど生存時間は短くなり生存率曲線が下方にくる．

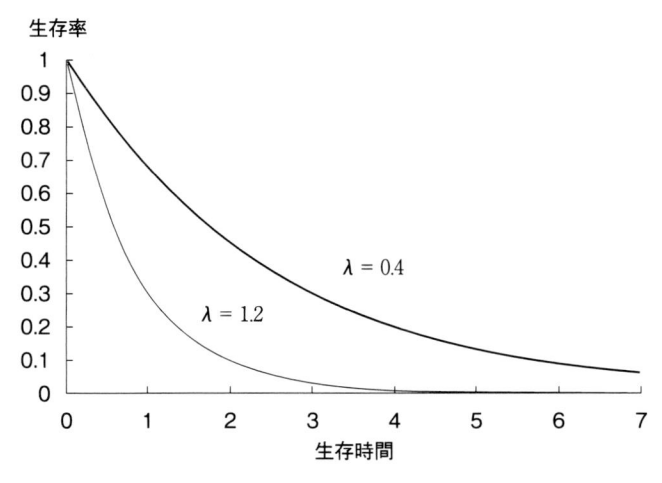

図 **5.1** 均一な母集団における指数モデルを仮定した生存率曲線

5.6.2.1 指数モデルの適合性のチェック

回帰モデルを構築する際に，そのモデルがデータに適合するか否かを検討することがとても大切である（**モデルの適合性 (goodness-of-fit)** という）．

生存時間解析での回帰モデルもいろいろあり，選択されたモデルが本当にデータをよく説明しうるかどうかを調べる必要がある．

1パラメータ指数モデルが生存時間データに適合するかどうかは，生存時間またはその対数値と生存率関数の対数値をグラフ化することにより評価できる．(5.2) 式で示したように，生存率関数が指数モデルに従うとき，

$$F(t) = \exp\{-\int_0^t \lambda du\} = \exp\{-\lambda t\}$$

となる．両辺の対数をとり符号を置き換えると

$$-\log\{F(t)\} = \lambda t$$

もしくは，もう一度，対数をとると

$$\log\{-\log(F(t))\} = \log \lambda + \log t$$

を得る．

すなわち，与えられた生存時間データの分布が1パラメータ指数モデルに従うことを示すためには，Kaplan-Meier 法での推定生存率 $\hat{F}(t)$ に対して，$(t, -\log \hat{F}(t))$ のプロットが原点を通る直線になること，または，$(\log(t), \log(-\log \hat{F}(t)))$ のプロットが傾き 1, y 切片 $\log \lambda$ の直線になることで検証できる．

5.6.2.2 指数モデルの極値分布

$Y \equiv \log T$ の確率密度関数は

$$\exp(y - \alpha - e^{y-\alpha}), -\infty < y < \infty$$

ただし，$\alpha = -\log \lambda$ である．$Y = \alpha + W$ とおくと，

$$\exp(w - e^w), -\infty < w < \infty, \tag{5.3}$$

でありこの分布を**極値分布 (extreme value distribution)** と呼ぶ (図 5.2)．この分布の導出方法や諸性質は，Johnson et al.[2] および蓑谷千凰彦 [3] を参

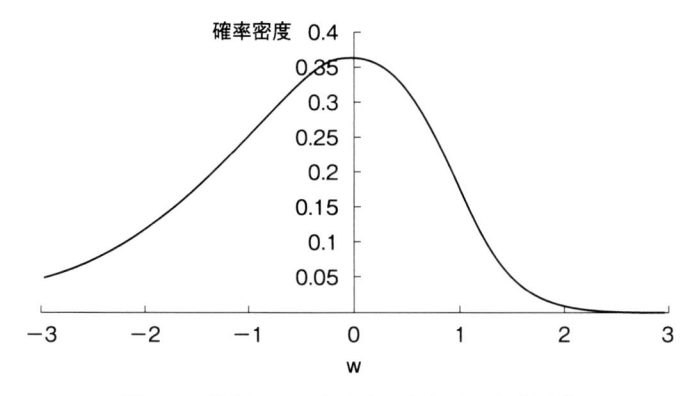

図 5.2 指数モデルを仮定したときの極値分布

照されたい．極値分布の平均値と分散は，それぞれ，$-\gamma$（$\gamma = 0.5722\cdots$ はオイラー定数），$\pi^2/6 = 1.6449\cdots$ で，尖度 2.4, 歪度 -1.14 の単峰形の分布である．

モーメント母関数は，$M_W(\theta) = E(e^{\theta W}) = \Gamma(\theta+1), \theta > -1$ で $\Gamma(x)$ はガンマ関数で $\Gamma(k) = \int_0^\infty x^{k-1}e^{-x}dx$ である．

5.6.2.3 指数モデルによる生存時間データの生成

生存率解析の研究において，既存の手法の統計学的な性質の発見，新しく開発した回帰モデルと従来のモデルとの比較，さらには，新しい理論の諸性質の検討に際して**シミュレーション研究 (sumulation study)** が行われる．シミュレーションにもいろいろな技法があるが，上述の目的に対してはモンテカルロシミュレーションがしばしば行われる．すなわち，ある特徴をもつ生存時間データをコンピュータ上で人工的に発生させ，そのデータを研究対象の統計手法や新しいモデルで処理して得られた結果が，理論値とどれくらいずれているのかなどを評価する．シミュレーション用の生存時間データを作成する際に，共変量が事前に与えられそのハザードがわかっているとして，生存時間ならびに打ち切り時間を求めることが必要となる．ここで，指数モデルがよく利用される．

エクセルなどで指数モデルを使って n 例の生存時間データを作るためのプ

ロセスを以下に示す.

> (1) λ をハザード(定数)としたとき,指数モデルに従う生存率関数は $F(t) = \exp(-\lambda t)$ である.
>
> (2) エクセルの A 列に, (0,1) から抽出した一様乱数 U_i を縦に n 個作成する.
>
> (3) $F(t_i) = U_i$ とおいて, t_i について解くと,
>
> $$t_i = -\frac{\log(U_i)}{\lambda}, \quad (i = 1, \ldots, n)$$
>
> と表され B 列に並べる. t_i が日数,月数などにより, t_i に適当な数を掛け算する.
>
> (4) 死亡例,打ち切り例はセンサリング・メカニズムにより決定される.たとえば,タイプ I センサリングであれば,ある時間 t_0 より大きな t_i をもつ症例を t_0 で打ち切り例とする.
>
> (5) これにより,指数モデルに従う生存時間データ $\{t_i, \delta_i\}, i = 1, 2, \ldots, n$, が作成される.

5.6.3 ワイブルモデル

5.6.3.1 ワイブルモデルの生存率関数

指数モデルでは,生存率関数 $F(t) = \exp(-\lambda t)$,ただし, $\lambda > 0$, は常に下に凸である.しかしながら,医学・医療の実生存時間データでは,その生存率曲線がいつも下に凸とは限らない.そこで,パラメータを増やすことによって,生存率曲線をより柔軟に表わす工夫が必要となる.その一例として**ワイブルモデル (Weibull model)** がある.

2 パラメータワイブルモデルは,ハザード関数が

$$\lambda(t) = \lambda p (\lambda t)^{p-1} \qquad \text{ここで, } \lambda, \ p > 0$$

により定義される.

ハザードは, $p < 1$ のとき単調減少, $p > 1$ のとき単調増加, $p = 1$ のとき定数となり1パラメータ指数モデルと同じになる. 確率密度関数と生存率関数は, それぞれ

$$f(t) = \lambda p (\lambda t)^{p-1} \exp[-(\lambda t)^p] \, , \, F(t) = \exp[-(\lambda t)^p]$$

となる.

5.6.3.2 ワイブルモデルの適合性チェック

生存率関数について log 値を取ると,

$$\log[-\log F(t)] = p(\log t + \log \lambda)$$

であり, 左辺は $\log(t)$ に対して直線的に変化することがわかる. これにより, 生存時間データがワイブルモデルに適合するかどうかは, Kaplan-Meier 法による推定生存率 $\hat{F}(t)$ に対して, $\log[-\log \hat{F}(t)]$ と $\log(t)$ が直線的関係になることを確認すればよい.

5.6.3.3 ワイブルモデルにおける極値分布

対数生存時間の確率変数 Y の確率密度関数は

$$\sigma^{-1} \exp\left(\frac{y - \alpha}{\sigma} - e^{(y-\alpha)/\sigma} \right) \qquad ここで, \, -\infty < y < \infty$$

ここで, $\sigma = p^{-1}$, $\alpha = -\log \lambda$ である. Wを (5.3) の極値分布 (extreme value distribution) の確率変数としたとき, $Y = \alpha + \sigma W$ と書くことができる. これにより, パラメータ λ と p は, それぞれ, **位置パラメータ (location parameter)** と**スケールパラメータ (scale parameter)** である.

5.6.3.4 ワイブルモデルの例

図 5.3 は, 二つのパラメータを変えたときの生存率曲線の形状を示している. 指数モデルは下に凸のグラフであるが, ワイブルモデルの場合, S字曲線

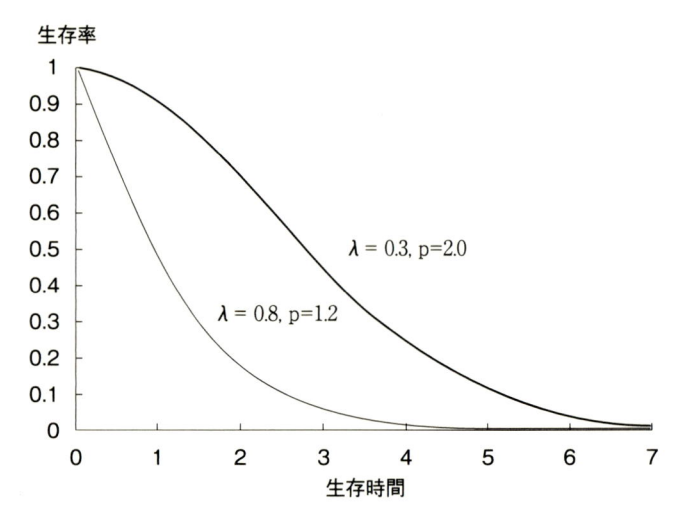

図 5.3 λ, p を変えたときのワイブルモデルに従う生存率曲線

に近い形の生存率曲線も描くことができる.

5.6.4 対数正規モデル (log-normal model)

$Y = \log T$ に対して,
$$Y = \alpha + \sigma W,$$
ただし, W は以下の確率密度
$$\phi(w) = \frac{e^{-w^2/2}}{\sqrt{2\pi}}$$
をもつ標準正規変量を仮定する. T の確率密度関数は以下となる.
$$f(t) = (2\pi)^{-1/2} p t^{-1} \exp\left(\frac{-p^2 (\log \lambda t)^2}{2}\right),$$
ただし, $\alpha = -\log \lambda$, $\sigma = p^{-1}$.

正規分布関数値 $\phi(w) = \int_{-\infty}^{w} \phi(u) du$ を用いると, 生存率関数は
$$F(t) = 1 - \phi(p \log \lambda t),$$

ハザード関数は $f(t)/F(f)$ と表すことができる.対数正規分布は,打ち切り例がない場合にはそのデータに対して容易に応用できるが,打ち切り例があるときには,生存率の推定や最尤推定値の算出がかなり大変になる.これ以外にも,ガンマ分布,一般化ガンマ分布,対数ロジスティック分布,一般化 F 分布などがある.それらの定義と性質については,Kalbfleisch and Prentice [1] を参照されたい.

5.6.5 モデルの適合性チェックの例

上述の指数モデル,ワイブルモデル,対数正規モデルが実データに適合しているかどうかの検証の事例を述べてみる.サンプルデータとして,巻末付録にある肝硬変データ 110 例を用いることにする (Tsuji et al.[4], Hosmer and Lemeshow [5]).このデータは,肝硬変症患者の診断時の臨床所見と検査所見から生存予後を予測することを目的として辻らが収集したデータである(表1.3).オリジナルデータは 185 例で解析結果は Gastroenterologia Japonica (1987) に掲載されている.診断時所見 7 因子と検査所見 13 因子のうち,生存予後に有意な影響を与える因子は,腹水の有無,肝シンチグラフィー,血清アルブミン値の 3 因子であることを Cox の比例ハザードモデルを使って見出した.これら 3 因子に基づき,肝硬変患者の予後指数を算出し,予後良好群,標準群,予後不良群の 3 群に分けて臨床に応用できるようにした.

ここでは,腹水の有無の 2 群の生存率曲線に注目し,上述の三つのモデルの適合度を統計解析ソフトウェア JMP を使って検証する.図 5.4 に腹水の有無で分けた生存率曲線を示す.

それぞれのモデルの適合性を検証するために,指数モデルでは 5.6.2.1 より実生存時間 t に対する $-\log \hat{F}(t)$ のプロット(図 5.5),ワイブルモデルでは 5.6.3.2 より $\log(t)$ に対する $\log[-\log \hat{F}(t)]$ のプロット(図 5.6),対数正規分布モデルでは,$\log(t)$ に対する $\text{probit}[1 - \log \hat{F}(t)]$ のプロット(図 5.7)を作成した.これらのプロットは,指数モデルと対数正規分布モデルの場合,原点を通る直線,ワイブルモデルの場合,直線となればよい.

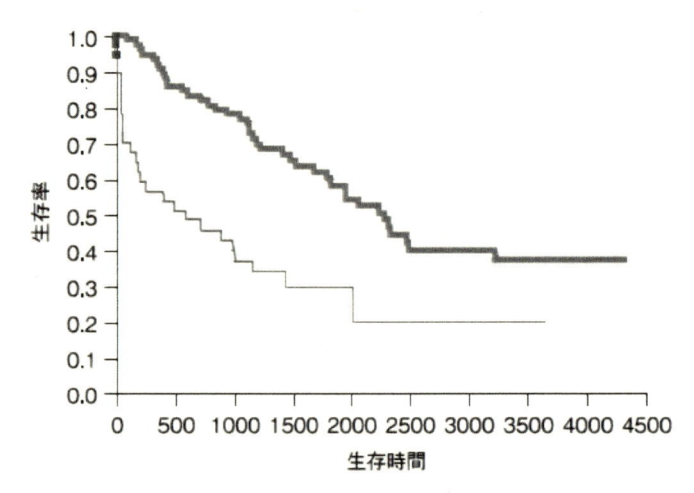

図 5.4 肝硬変症データ 110 例における腹水の有無別の生存率曲線:太線が腹水なしの群,細線が腹水ありの群の生存率

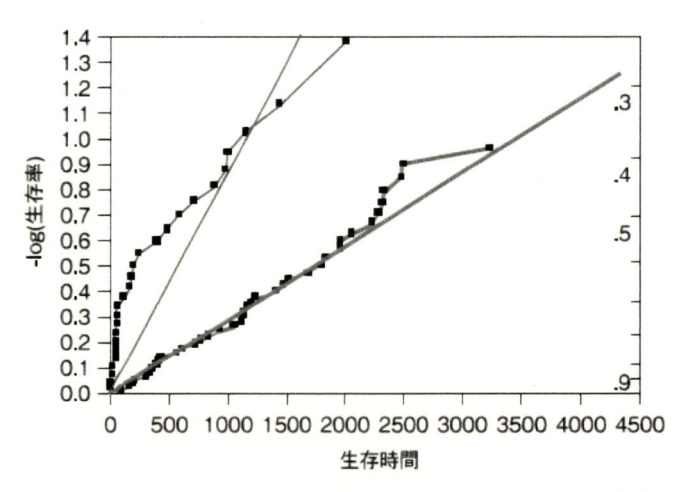

図 5.5 肝硬変データにおける腹水の有無別での生存時間と $-\log$(生存率)のプロット.指数モデルの適合性を検証できる.

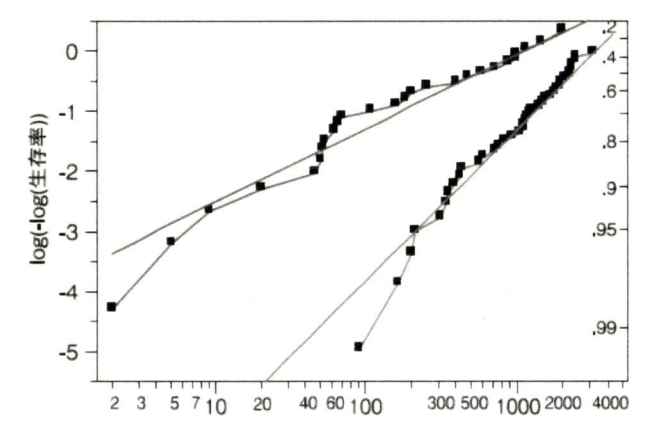

図 5.6 肝硬変データにおける腹水の有無別での log（生存時間）（横軸）と log（− log（生存率））（縦軸）のプロット．ワイブルモデルの適合性を検証できる．

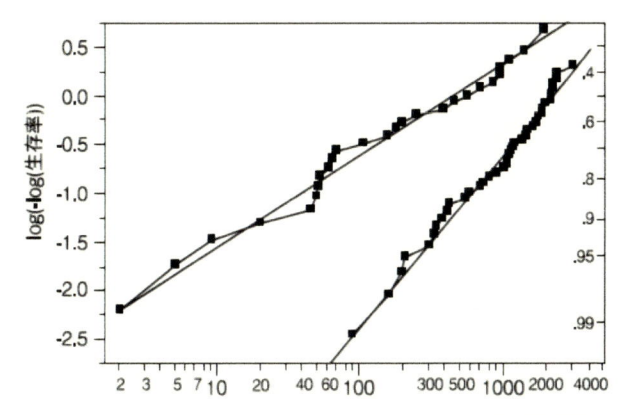

図 5.7 肝硬変データにおける腹水の有無別での log（生存時間）（横軸）と probit[1 − log（生存率）]（縦軸）のプロット．対数正規モデルの適合性を検証できる．

5.6.6 共変量がある場合の生存時間回帰モデル

前節では，均一な母集団から抽出された生存時間データに対するモデルを考えた．実験動物のような均一な集団とは異なり，ヒトを対象とする場合，遺伝素因も異なれば後天的な要因も人それぞれで異なるはずである．このような集団のことを**不均一な集団** (heterogeneous population) という．この

節では，不均一な母集団からの生存時間データのモデル化を考える．症例の不均一性は，既知要因と未知要因で規定されるが，既知要因は一般に説明変数としてデータ収集の対象となる．したがって，本節では，生存時間に影響を与えうる説明変数がある場合の回帰モデルを考える．

生存時間を表す確率変数を $T > 0$，観察される説明変数（共変量）を $\boldsymbol{z} = (z_1, \ldots, z_s)$ と表す．医学，特に医療の分野では，$\boldsymbol{z}$ の要素には量的変数，質的変数の両方が混在する．また，質的変数には，治療群 A, B のような症例の属する群を識別するための指示変数も含まれる．この節で考えることは，$\boldsymbol{z}$ が与えられた条件下での T の分布をモデル化することである．

5.6.7 共変量がある場合の指数回帰モデルとワイブル回帰モデル

共変量 $\boldsymbol{z}$ をもつ症例の時間 t でのハザードを $\lambda(t; \boldsymbol{z}) = \lambda(\boldsymbol{z})$ と定義する．すなわち，ハザードは $\boldsymbol{z}$ にのみ依存し時間には無関係であることを仮定したモデルである．$\boldsymbol{z}$ の関数 $\lambda(\boldsymbol{z})$ はさまざまな形で定義される．$\boldsymbol{z}$ の各成分がハザードに対して線形に影響を及ぼすことを仮定できるならば，

$$\lambda(t; \boldsymbol{z}) = \lambda c(\boldsymbol{z}\boldsymbol{\beta})$$

というようにモデル化される．ここで，$\boldsymbol{\beta}' = (\beta_1, \ldots, \beta_s)$ は回帰係数，λ は正の定数，$c(x)$ は特定の正値関数である．関数 c として，$c(x) = \exp(x)$，$c(x) = (1+x)^{-1}$ などが使われる．

(1) 共変量をともなう指数回帰モデル

指数回帰モデルでは，共変量 $\boldsymbol{z}$ をもつハザード関数として

$$\lambda(t; \boldsymbol{z}) = \lambda e^{\boldsymbol{z}\boldsymbol{\beta}} \tag{5.4}$$

を仮定する (Kalbfleish and Prentice [1])．ただし，$\boldsymbol{\beta}' = (\beta_1, \ldots, \beta_s)$ は回帰モデルのパラメータである．$\boldsymbol{z}$ が与えられた下での T の条件付密度関数は，第 2 章の (2.5) の定義より

$$f(t; \boldsymbol{z}) = \lambda e^{\boldsymbol{z}\boldsymbol{\beta}} \exp(-\lambda t e^{\boldsymbol{z}\boldsymbol{\beta}})$$

となる．対数生存時間 $Y = \log T$ を考えると，モデル (5.4) は

$$Y = \alpha - z\beta + W \tag{5.5}$$

ただし，$\alpha = -\log \lambda$，Wは (5.3) で定義された極値分布に従う確率変数，と表される．生存時間の対数 $Y = \log T$ に対して共変量 z が線形なモデルなので，モデル (5.5) は"誤差項が極値分布に従う対数線形モデル"という．

(2) 共変量をともなうワイブル回帰モデル

ワイブル分布における z の条件付ハザード関数は

$$\lambda(t; z) = \lambda p(\lambda t)^{p-1} e^{z\beta}$$

で与えられ，対応する密度関数は

$$f(t; z) = \lambda p(\lambda t)^{p-1} e^{z\beta} \exp[-(\lambda t)^p e^{z\beta}] \tag{5.6}$$

である．$Y = \log T$ に対する密度関数を求めると

$$Y = \alpha + z\beta^* + \sigma W,$$

ただし，$\alpha = -\log \lambda, \sigma = p^{-1}, \beta^* = -\sigma\beta$，である．

指数モデルとワイブルモデルの共変量を考慮に入れた回帰モデルでは，二つのモデルに共通した性質として，次の二つが挙げられる．

① 実生存時間 T のモデルでは，共変量の効果は乗法的にハザード関数に作用する．

② 対数生存時間 Y のモデルでは，共変量は加法的に作用する，すなわち，対数線形モデルである．

(3) 比例ハザードモデル

共変量 z をもつ症例の時間 t におけるハザード関数を $\lambda(t; z)$ と表す．**比例ハザードモデル (proportional hazards model)** はこのハザード関数を

$$\lambda(t; z) = \lambda_0(t) e^{z\beta} \tag{5.7}$$

と定義する．ここで，$\lambda_0(t)$ は時間 t における未知の正値関数である．$\lambda_0(t) = \lambda$

のときは指数回帰モデル，$\lambda_0(t) = \lambda p(\lambda t)^{p-1}$ のときはワイブルモデルとなるので，比例ハザードモデルはこれら二つのモデルを包含している．ハザード関数 (5.7) に対応する密度関数と生存率関数は，それぞれ，

$$f(t;\boldsymbol{z}) = \lambda_0(t)e^{\boldsymbol{z\beta}} \exp\left[-e^{\boldsymbol{z\beta}}\int_0^t \lambda_0(u)du\right],$$

$$F(t;\boldsymbol{z}) = [F_0(t)]^{\exp(\boldsymbol{z\beta})}, \quad \text{ただし，} \quad F_0(t) = \exp\left[-\int_0^t \lambda_0(u)du\right]$$

である．

$\lambda_0(\cdot)$ は，任意の正値関数であり，関数の形になんら制限がないところが指数モデルやワイブルモデルなどのパラメトリックモデルと異なる大きな特徴である．したがって，収集された生存時間データの特性に合わせて生存時間分布を柔軟に決定することができる．また，後の章で詳しく述べるが (第 6 章)，回帰係数ベクトル $\boldsymbol{\beta}$ は**部分尤度関数 (partial likelihood function)** を使って推定されるが，この部分尤度の中に $\lambda_0(t)$ は入っていないので $\boldsymbol{\beta}$ は $\lambda_0(t)$ と無関係に推定できる．$\boldsymbol{\beta}$ の推定値 $\hat{\boldsymbol{\beta}}$ が推定された後で，$\hat{\boldsymbol{\beta}}$ が代入された**全尤度関数 (full likelihood function)** を使って $\lambda_0(t)$ を推定する．

(4) 層別比例ハザードモデル (stratified proportional hazrds model)

対象とする母集団が r 個の層に分割されると仮定したとき，j 番目の層のハザードを $\lambda_j(t;\boldsymbol{z})$ とし，j 層でのベースラインハザード関数を $\lambda_{0j}(t)$ と書くと，層別ハザード関数

$$\lambda_j(t;\boldsymbol{z}) = \lambda_{0j}(t)\exp(\boldsymbol{z\beta}), \quad j = 1,\cdots,r,$$

は応用上重要となる．すなわち，各層内では，$\boldsymbol{z_0}$ と $\boldsymbol{z_1}$ の症例のハザード比は時間 t によらず一定でありながら，一方では，j 個の層の間ではハザード比は時間に依存して変化する，というモデルである．比例ハザードモデルのもう一つの拡張は，共変量 $\boldsymbol{z}$ が時間に依存して変化する場合である．この時間依存型共変量の例として，臓器移植を治療因子とした事例があるが，ここではこれ以上深くは触れないことにする．

(5) 加速型生存時間モデル (accetrated survival time model)

対数生存時間 $Y = \log T$ が

$$Y = \boldsymbol{z}\boldsymbol{\beta} + W ,$$

とモデル化されたとする. ただし, W は誤差を表す確率変数で確率密度関数 f をもつ. 両辺に $\exp(\cdot)$ 関数を作用させると,

$$T = \exp(\boldsymbol{z}\boldsymbol{\beta})T' ,$$

ただし, $T' = e^W > 0$, ハザード関数は $\lambda_0(t')$ である. T' のハザード関数を $\lambda_0(\cdot)$ を使って表すと

$$\lambda(t;\boldsymbol{z}) = \lambda_0(te^{-\boldsymbol{z}\boldsymbol{\beta}})e^{-\boldsymbol{z}\boldsymbol{\beta}} \tag{5.8}$$

であり, 対応する生存率関数は時間に関するヤコビアン変換により

$$F(t;\boldsymbol{z}) = \exp\left[-\int_0^{t\exp(-\boldsymbol{z}\boldsymbol{\beta})} \lambda_0(u)du\right]$$

となる. (5.8) を加速型生存時間モデルと呼ぶ.

5.7 離散型生存時間モデル

これまでに定義された連続型生存時間モデルについて, 生存時間軸をグループ化して**離散型モデル** (discrete survival time model) を作ることを考える. たとえば, 連続な生存時間確率変数 X が生存率関数 $\exp[-(\lambda x)^p]$ のワイブル分布に従い, 生存時間が X の整数値 $T = [X]$ にグループ化されたとすると, T の確率密度関数は

$$\begin{aligned} f(t) &= P(T = t) = P(t \leq X < t+1) \\ &= \theta^{t^p} - \theta^{(t+1)^p} , \quad t = 0, 1, 2, \cdots, \end{aligned} \tag{5.9}$$

ただし, $0 < \theta = \exp(-\lambda^p) < 1$, と表される. この関数において, 特に $p = 1$ のとき, 確率関数 $\theta^t(1-\theta)$ の幾何分布となる. (5.9) に対応するハザード関数は以下で表される.

$$\lambda(t) = P(T = t | T \geq t)$$

$$= 1 - \theta^{(t+1)^p - t^p}$$

p の値が $p > 1$, $p < 1$, $p = 1$ のとき, $\lambda(t)$ はそれぞれ単調増加, 単調減少, 定数の関数となる.

5.7.1 離散型比例ハザードモデル (discrete proportional hazards model)

比例ハザードモデルの離散型モデルについても, (5.7) の生存率関数, 確率密度関数, ハザード関数の関係を離散型に適用することにより求めることができる.

共変量 z をもつ生存時間 T は死亡時点 $0 \le x_1 < x_2 < \cdots$ の生存率関数に従うとする. $F_0(t)$ は $z = 0$ での生存率関数, すなわち, ベースライン生存率関数とする. このとき生存率関数は $F(t; z) = F_0(t)^{\exp(z\beta)}$ となる. F_0 に対応する x_i におけるハザードを λ_i とおくと第 2 章の (2.8) により,

$$F_0(t) = \prod_{i | x_i \le t} (1 - \lambda_i) \quad \text{および} \quad F(t; z) = \prod_{i | x_i \le t} (1 - \lambda_i)^{\exp(z\beta)}$$

共変量 z をもつ x_i でのハザード $\lambda_i(z)$ は

$$1 - (1 - \lambda_i)^{\exp(z\beta)}$$

である.

付録 5.1 生存時間回帰モデルのパラメータに関する有意性検定

スコア統計量 (score statistic)

共変量ベクトル z とパラメータベクトル θ を使って, 症例 $i, i = 1, \ldots, n,$ のハザード関数を $\lambda(t_i; \theta, z_i)$ と表わす. 対応する生存率関数と確率密度関数は, $\lambda(t_i; \theta, z_i)$ を使って表わすことができる. このとき, θ の尤度関数を

$$L(\theta) = \prod_{i=1}^{n} L_i(\theta)$$

と表わす. i 番目の症例のスコア統計量は, 推定されるパラメータ数 (p 個) の要素をもつベクトル $\boldsymbol{\theta}$ で表される.

$$U_i(\boldsymbol{\theta}) = \frac{\partial}{\partial \boldsymbol{\theta}} \log L_i(\boldsymbol{\theta}) = \left[\frac{\partial}{\partial \theta_j} \log L_i(\boldsymbol{\theta}) \right]_{p \times 1}, \quad \begin{array}{l} i = 1, \ldots, n \\ j = 1, \ldots, p \end{array}$$

$U_i(\boldsymbol{\theta})$ は, ある条件のもとで平均 $\mathbf{0}$, 共分散分析

$$\begin{aligned} \mathscr{I}_i(\boldsymbol{\theta}) &= E[U_i(\boldsymbol{\theta}) U_i'(\boldsymbol{\theta})] \\ &= -\left[E\left(\frac{\partial^2 \log L_i}{\partial \theta_j \partial \theta_k} \right) \right]_{p \times p}, \quad \begin{array}{l} j = 1, \ldots, p \\ k = 1, \ldots, p \end{array} \end{aligned}$$

をもつ. $U_1(\boldsymbol{\theta}), \ldots, U_n(\boldsymbol{\theta})$ は独立なので, 中心極限定理を適用すると $U(\boldsymbol{\theta}) = \sum_{i=1}^n U_i(\boldsymbol{\theta})$ は平均 $\mathbf{0}$, 共分散 $\mathscr{I}(\boldsymbol{\theta}) = \sum_{i=1}^n \mathscr{I}_i(\boldsymbol{\theta})$ の正規分布に従う. これは n を大きくしたときに成り立つので, 「$U(\boldsymbol{\theta})$ は漸近正規性を有する」と呼ぶ.

スコア $U(\boldsymbol{\theta})$ の漸近分布を使って, パラメータ $\boldsymbol{\theta}$ に関する検定を行うことができる. すなわち, $H_0 : \boldsymbol{\theta} = \boldsymbol{\theta}_0$ の仮説の下でスコア統計量 $U(\boldsymbol{\theta}_0)$ は平均 $\mathbf{0}$, 分散 $\mathscr{I}(\boldsymbol{\theta}_0)$ の漸近正規分布に従う. $\mathscr{I}(\boldsymbol{\theta}_0)$ が正則ならば, $U'(\boldsymbol{\theta}_0) \mathscr{I}(\boldsymbol{\theta}_0)^{-1} U(\boldsymbol{\theta}_0)$ は自由度 p (パラメータの個数) のカイ 2 乗分布に従うことを利用して仮説を検定できる.

最大尤度推定量 (maximum likelihood estimator)

生存時間回帰モデルのパラメータ $\boldsymbol{\theta}$ に対する**最尤推定値 (maximum likelihood estimate)** を $\hat{\boldsymbol{\theta}}$ と表す. $\boldsymbol{\theta}$ がパラメータ領域に属し, $L(\boldsymbol{\theta})$ が 3 回微分可能で, かつ, 3 階微係数がある境界条件を満たしているとき, $\hat{\boldsymbol{\theta}}$ は $U(\boldsymbol{\theta}) = 0$ を満たすただ一つの解であり, $\boldsymbol{\theta}$ の**一致推定量 (consistent estimator)** となっている. さらに, $\hat{\boldsymbol{\theta}}$ は漸近的に平均 $\boldsymbol{\theta}$, 共分散 $\mathscr{I}(\boldsymbol{\theta})^{-1}$ の多次元正規分布に従う. $H_0 : \boldsymbol{\theta} = \boldsymbol{\theta}_0$ の仮説検定は

$$(\hat{\boldsymbol{\theta}} - \boldsymbol{\theta})' \mathscr{I}(\boldsymbol{\theta}) (\hat{\boldsymbol{\theta}} - \boldsymbol{\theta})$$

が漸近的に自由度 p のカイ 2 乗検定に従うことを利用して行われる.

これまでの議論の中で出てきた Fisher の情報行列 $\mathscr{I}(\boldsymbol{\theta})$ は別の統計量で置

き換えられる.

たとえば,$\mathcal{I}(\boldsymbol{\theta})\mathcal{I}(\hat{\boldsymbol{\theta}})^{-1}$ は $p \times p$ の単位行列に確率収束するので,$\mathcal{I}(\boldsymbol{\theta})$ は $\mathcal{I}(\hat{\boldsymbol{\theta}})$ で置き換えることができる.さらに,簡単な推定量として観察情報行列

$$I(\boldsymbol{\theta}) = \left(\frac{-\partial^2 \log L(\boldsymbol{\theta})}{\partial \theta_i \partial \theta_j} \right)_{p \times p}$$

での置き換えも行われる.このようにして,漸近分布に影響を与えることなく $\mathcal{I}(\boldsymbol{\theta})$ は $I(\boldsymbol{\theta})$ であるとか $I(\hat{\boldsymbol{\theta}})$ に置き換えることが可能である.

尤度比統計量 (likelihood ratio estimator)

パラメータの検定を行うための 3 番目の統計量は尤度比

$$R(\boldsymbol{\theta}) = \frac{L(\boldsymbol{\theta})}{L(\hat{\boldsymbol{\theta}})}$$

である.「最大尤度推定量」で述べた 3 つの条件を満たせば,$H_0 : \boldsymbol{\theta} = \boldsymbol{\theta}_0$ の下で $-2 \log R(\boldsymbol{\theta}_0)$ の漸近分布は,パラメータの個数である p を自由度とするカイ 2 乗分布に従う.同様に,$\boldsymbol{\theta}' = (\boldsymbol{\theta}'_1, \boldsymbol{\theta}'_2)$ であり,$\hat{\boldsymbol{\theta}}_2(\boldsymbol{\theta}_1^0)$ は $\boldsymbol{\theta}_1 = \boldsymbol{\theta}_1^0$ が与えられたときの $\boldsymbol{\theta}_2$ の最尤推定値ならば,帰無仮説 $\boldsymbol{\theta}_1 = \boldsymbol{\theta}_1^0$ の下で,$-2 \log R[\boldsymbol{\theta}_1^0, \hat{\boldsymbol{\theta}}_2(\boldsymbol{\theta}_1^0)]$ は自由度が $\boldsymbol{\theta}_1$ の要素の個数となるカイ 2 乗分布に従う.

付録 5.2 Newton-Raphson 法

$\boldsymbol{\theta}$ は p 個のパラメータからなる列ベクトル,$L(\boldsymbol{\theta})$ は尤度関数とする.一般に,最尤推定値 $\hat{\boldsymbol{\theta}}$ は,対数尤度関数を微分した p 個の連立方程式を解くことによって求めることが難しく,その解法として Taylor 展開を応用した Newton-Raphson 法が使われる.

Newton-Raphson 法の計算手順は以下のとおりである.

最初に,$U(\boldsymbol{\theta}) = \partial \log L(\boldsymbol{\theta})/\partial \boldsymbol{\theta}$ の $\hat{\boldsymbol{\theta}}$ の回りでの 1 次の Taylor 展開を計算する.初期値 $\boldsymbol{\theta}_0$ を Taylor 展開された式に代入して計算すると,$\hat{\boldsymbol{\theta}}$ におけるスコア統計量は

$$U(\hat{\boldsymbol{\theta}}) = U(\boldsymbol{\theta}_0) - I(\boldsymbol{\theta}^*)(\hat{\boldsymbol{\theta}} - \boldsymbol{\theta}_0), \text{ただし,} \boldsymbol{\theta}^* \text{は} \boldsymbol{\theta}_0 \text{と} \hat{\boldsymbol{\theta}} \text{との間の値}$$

と表される．$\hat{\boldsymbol{\theta}}$ のまわりの $\boldsymbol{\theta}_0$ に対して，$I_0(\boldsymbol{\theta}^*)$ と $I(\boldsymbol{\theta}_0)$ とは近似的に等しい．$U(\hat{\boldsymbol{\theta}}) = 0$ なので上式は

$$\hat{\boldsymbol{\theta}} = \boldsymbol{\theta}_0 + I(\boldsymbol{\theta}_0)^{-1} U(\boldsymbol{\theta}_0)$$

となる．右辺の値は新しい候補値となる．この候補値を 1 次の Taylor 展開に入力しては新しい $(\hat{\boldsymbol{\theta}})$ の値を求め，ある基準に達するまでこれらの操作を繰り返す．

参考文献

[1] Kalbfleisch, J. D. and Prentice R. L.: *The Statistical Analysis of Failure Time Data*, Wiley, New York, 1980.

[2] Johnson, N. L., Kotz, S. and Balakrishnan, N.: *Continuous univariate distributions Vol.2*, John Wiley & Sons, 1995.

[3] 蓑谷千凰彦: 統計分布ハンドブック, 朝倉書店, 2004.

[4] Tsuji, Y., Koga, S.: Ibayashi, H., Nose, Y. and Akazawa, K., Prediction of the prognosis of liver cirrhosis in Japanese using Cox's proportional hazard model.: *Gastroenterologia Japonica*, 22(5): 599-606, 1987.

[5] Hosmer, D. W. and Lemeshow, S.: *Applied survival analysis*. John Wiley & Sons, New York, 1999.

第6章 比例ハザードモデル

　臨床研究や疫学研究では研究対象がヒトであり，年齢，食習慣，遺伝素因などが各個体でまちまちである．これらの不均一な症例の集まりの中から，医学的知見を正しく導くために，複数の共変量を考慮した多変量解析が行われる．生存時間データの多変量解析では，複数の先天的要因あるいは後天的要因とハザードとの関係をモデル化する．たとえば，生存予後に関与する複数の因子間での内部相関を考慮に入れた上で，それぞれの因子がハザードにどれくらいの影響を与えているのかを推定する．複数の予後規定因子とハザードの関係づけは，第5章で説明した指数モデルやワイブルモデルなどでも可能であるが，これら二つのモデルは**パラメトリックモデル (parametric model)** であり，生存率関数の形がそれらのパラメータで決められてしまう．一方，実データから Kaplan-Meier 法で生存率曲線を描くと，それぞれのデータで特有の形を持つことがわかる．そこで，生存時間分布の形にとらわれない柔軟性のあるモデルとして，**比例ハザードモデル (proportional hazards model)** が提唱された (Cox [1])．本章では，比例ハザードモデルについて定義と特徴，パラメータ推定，生存率関数の導出および具体的な解析事例などを説明する．

6.1 比例ハザードモデルの定義と性質

6.1.1 ハザード関数, 生存率関数

　Cox の比例ハザードモデル（以下では，**Cox** モデルと呼ぶ）では，特に予後因子（ベクトル）z をもつ個体の時間 t におけるハザード $\lambda(t; z)$ を次のように定義する．

$$\lambda(t; z) = \lambda_0(t) \exp(f(z, \boldsymbol{\beta})) \tag{6.1}$$

ただし，

$\lambda_0(t)$ ：ベースラインハザード関数 (baseline hazard function)（任意の正値関数）

$f(z, \beta)$ ：z と β の関数

z ：治療法, リンパ節転移の程度など予後因子の p 次元行ベクトル

β ：p 個の回帰係数からなる列ベクトル

医学論文では $f(z, \beta) = z\beta$ とおくことが多い. 以下では, $f(z, \beta) = z\beta$ の比例ハザードモデルを考える.

ハザード関数から生存率関数, 確率密度関数を求める公式を使うと, それぞれ以下のようになる.

$$F(t; z) = \exp\left[-\int_0^t \lambda_0(u)\exp(z\beta)du\right], \quad (6.2)$$
$$f(t; z) = \lambda(t; z)F(t; z).$$

今後, 記述を簡略化するために

$$F_0(t) = \exp\left[-\int_0^t \lambda_0(u)du\right]$$

とおく. $F_0(\cdot)$ はベースライン生存率関数 (baseline survival function) という. $F_0(\cdot)$ を使うと (6.2) 式は,

$$F(t; z) = F_0(t)^{\exp(z\beta)}$$

となる.

6.1.2 予後指数

後で説明する方法（部分尤度関数による最尤推定法）を適用して得られた推定回帰係数列ベクトルを $\hat{\beta}$ とするとき,

$$z\hat{\beta} = z_1\hat{\beta}_1 + \cdots + z_p\hat{\beta}_p$$

のことを, 予後因子 z をもつ症例の**予後指数 (prognostic index)** と呼んで

いる. z_1 をもつ症例の予後指数 $z_1\hat{\beta}$ が z_2 をもつ症例の予後指数 $z_2\hat{\beta}$ に比べて大きければ, z_1 をもつ症例の生存率は z_2 の症例の生存率より低い. なぜならば, 生存率関数 $S(t|z)$ は,

$$\begin{aligned} S(t|\boldsymbol{z}) &= \exp\left\{-\exp(\boldsymbol{z}\hat{\boldsymbol{\beta}})\int_0^t \lambda_0(u)du\right\} \\ &= \left\{\exp\left(-\int_0^t \lambda_0(u)du\right)\right\}^{\exp(\boldsymbol{z}\hat{\boldsymbol{\beta}})} \\ &= \hat{S}_0(t)^{\exp(\boldsymbol{z}\hat{\boldsymbol{\beta}})}, \end{aligned}$$

ただし, $\hat{S}(t) = \exp(-\int_0^t \lambda_0(u)du)$ はベースライン生存率曲線で $0 \leq \hat{S}_0(t) \leq 1$ である. $z_1\hat{\beta} > z_2\hat{\beta}$ のとき $\exp(z_1\hat{\beta}) > \exp(z_2\hat{\beta})$ であり, $S(t|z_1) < S(t|z_2)$ となる.

6.1.3 指数モデル, ワイブルモデルとの関係

Cox の比例ハザードモデルは, 第5章で定義した予後因子を考慮に入れた指数モデルやワイブルモデルを包括している. 指数モデルは

$$\lambda(t;\boldsymbol{z}) = \lambda \exp(\boldsymbol{z}\boldsymbol{\beta})$$

と表されるが, Cox モデルにおいて $\lambda_0(t) = \lambda$ (λ は正の定数) とおくと指数モデルとなる. また, ワイブルモデルは

$$\lambda(t;\boldsymbol{z}) = \lambda p(\lambda t)^{p-1}\exp(\boldsymbol{z}\boldsymbol{\beta})(\lambda, p > 0)$$

であるが, Cox モデルで $\lambda_0(t) = \lambda p(\lambda t)^{p-1}$ とおいたものである.

6.1.4 比例ハザードモデルの特徴

Cox モデルの統計学的な特徴をまとめると以下のようになる.
(特徴　その1)
Cox モデルの第1の特徴は, ベースラインハザードとして任意の正値関数 $\lambda_0(t)$ を用いることで, さまざまな条件下での生存時間分布を柔軟に表現でき

ることである.生存率曲線は,たとえば白血病,脳卒中,糖尿病などでその形状が大きく異なる.したがって,1,2個のパラメータで形状が完全に決まってしまう指数モデルやワイブルモデルで全ての生存率曲線を表現することは難しい.

一方,Cox モデルでは,$\lambda_0(t)$ から作られる $F_0(t)$ はパラメータを事前に定めるのではなく,入手した生存時間データから各死亡時点でのハザードを推定することにより構築される.

(特徴 その2)

Cox モデルの第2の特徴は,予後因子のカテゴリー(たとえば,性別における男性と女性)間で,**ハザード比 (hazard ratio)** が時間に依存せず一定であることを仮定している.このことを**比例ハザード性 (proportionality)** という.具体的には,予後因子として「リンパ節転移」,そのレベルとして「転移あり」,「転移なし」を考える.比例ハザードモデル $\lambda(t;z) = \lambda_0(t)\exp(\beta z)$ において,リンパ節転移の有無(予後因子 z)が比例ハザードの仮定を満たすとは,リンパ節転移なし $(z=0)$ の症例のハザード関数 $\lambda(t;0) = \lambda_0(t)$ とリンパ節転移あり $(z=1)$ の症例のハザード関数 $\lambda(t;1) = \lambda_0(t)\exp(\beta)$ に対して,$\lambda(t;1)/\lambda(t;0) = \exp(\beta)$,すなわち,ハザード比が時間に依らず一定であることをいう.実際の生存時間データにおいて,この比例ハザード性が満たされているかどうかは $\{\log(-\log \hat{F}(t))\}$ プロットなどで確認することになる.仮に,ハザード比が時間経過とともに著しく変化するときには,(6.1)式のモデルをそのまま適用することができず,時間依存型のハザードモデルなどを利用しなければならない.

(特徴 その3)

第3の特徴は,回帰係数 β は,**部分尤度関数 (partial likelihood function)** という Cox 回帰法特有の尤度関数によって推定される.一方,ベースライン生存率関数 $S_0(t)$ は,Kaplan-Meier 法での生存率推定と同様に**全尤度関数 (full likelihood function)** を使って推定される.

比例ハザードモデルにおける各予後因子の生存率への影響度の検定は尤度理論を用いて行う.詳細は Marubini and Valsecchi [2],中村 [3] を参照されたい.

6.2 比例ハザードモデルの尤度関数

生存率曲線を描くためには, $\lambda_0(\cdot)$ と β の推定が必要である. 第 5 章の指数モデルでは, 全尤度関数に基づき最尤推定値を求めた. ところが, Cox モデルでの回帰係数の推定では, そのような最尤（推定）法ではうまくいかない. なぜならば, $\lambda_0(\cdot)$ はパラメータで規定されない未知の関数だからである. この $\lambda_0(\cdot)$, もしくは, $F_0(t)$ をどのようにして推定するのかが問題となる. 英国の統計学者 Cox, D.R. は, 1972 年から 1975 年にかけて部分尤度関数の構築と性質に関する論文を発表しこの問題を解決した (Cox [4]). この節では部分尤度関数を使った β の推定について述べる.

6.2.1 部分尤度

比例ハザードモデルの回帰係数 β を推定するための特別な尤度関数, **部分尤度関数**, を導くことにする. n 症例がそれぞれ共変量 $\boldsymbol{z_1}, \ldots, \boldsymbol{z_n}$ をもち, 観察打ち切り時間を含む生存時間を $t_1, \ldots, t_n$ とする. n 例のうち k 例が死亡したとする. このとき, k 例の生存時間を小さいものから順に並べ替えて得られた列を $t_{(1)} < t_{(2)} < \cdots < t_{(k)}$, 対応する共変量の列を $\boldsymbol{z_{(1)}}, \ldots, \boldsymbol{z_{(k)}}$ と表し, それぞれの元の症例番号を $(1), \ldots, (k)$ で表す. さらに, 共変量 $\boldsymbol{z_{i1}}, \ldots, \boldsymbol{z_{im_i}}$ を持つ m_i 例が i 番目の区間 $[t_{(i)}, t_{(i+1)})$, で打ち切りになったとする. ここで, その打ち切り時間を $t_{(i)} \leq t_{i1}, \ldots, t_{im_i}$ で表し, $t_{(0)} = 0, t_{(k+1)} = \infty$ である.

$t_{(i)} - 0$ におけるリスク集合を $R(t_{(i)})$ とする. $R(t_{(i)})$ のいずれかの症例が $t_{(i)}$ で死亡するという条件の下で, それが (i) 番目の症例である条件付確率は

$$\frac{\lambda(t_{(i)}; \boldsymbol{z_{(i)}})}{\sum_{l \in R(t_{(i)})} \lambda(t_{(t)}; \boldsymbol{z_l})} = \frac{\exp(\boldsymbol{z_{(i)}\beta})}{\sum_{l \in R(t_{(i)})} \exp(\boldsymbol{z_l \beta})} \quad , \quad i = 1, \ldots, k$$

となる.

β に関する**部分尤度 (partial linkeihood)** はすべての死亡時点での積をとって

$$L(\boldsymbol{\beta}) = \prod_{i=1}^{k} \left(\frac{\exp(\boldsymbol{z_{(i)}\beta})}{\sum_{l \in R(t_{(i)})} \exp(\boldsymbol{z_l \beta})} \right),$$

である. もし, 同時死亡 (tie) がある場合には

$$\prod_{i=1}^{k}\left(\frac{\exp(s_i\beta)}{\sum_{l\in R_{d_i}(t_{(i)})}\exp(s_l\beta)}\right) \tag{6.3}$$

である.ただし,s_i は $t_{(i)}$ での死亡症例 d_i 例の共変量の和を表し,$s_l = \sum_{j=1}^{d_i} z_{l_j}, l = (l_1,\ldots,l_{d_i}) \in R_{d_i}(t_{(i)})$ は $R(t_{(i)})$ の中から d_i 例復元なしで選んだすべての部分集合である.しかしながら,(6.3) は計算量がぼう大になるので事実上計算ができない.したがって,次の近似式で代用する.

$$L = \prod_{i=1}^{k} \frac{\exp(s_i\beta)}{[\sum_{l\in R(t_{(i)})}\exp(z_l\beta)]^{d_i}} \tag{6.4}$$

6.2.2 回帰係数 β の推定

最尤推定値 $\hat{\beta}$ を得るために,(6.4) から各成分 $\beta_j(j=1,\ldots,p)$ のスコア関数を求め,それらを 0 とおいたときの連立方程式を解くことになる.β_j のスコア関数を計算すると以下の式となる.

$$U_j(\beta) = \frac{\partial \log L}{\partial \beta_j} = \sum_{i=1}^{k}[s_{ij} - d_j A_{ji}(\beta)] = 0 \quad (j=1,\ldots,p),$$

ただし,

$$A_{ji}(\beta) = \frac{\sum_{l\in R(t_{(i)})} z_{jl}\exp(z_l\beta)}{\sum_{l\in R(t_{(i)})}\exp(z_l\beta)}$$

また,s_{ji} はベクトル s_i の j 番目の元である.p 個の連立方程式から $\beta_1,\ldots,\beta_p$ を求めるには,5 章付録 2 で説明した Newton-Raphson 法を使う.

Newton-Raphson 法で用いられる $U_j(\beta)$ の 1 階偏微分は以下の Fisher の情報行列となる.

$$I_{hj} = -\frac{\partial^2 \log L}{\partial \beta_h \partial \beta_j} = \sum_{i=1}^{k} d_i C_{hji}$$

$$C_{hji} = \frac{\sum_{l\in R(t_{(i)})} z_{hl}z_{jl}e^{z_l\beta}}{\sum_{l\in R(t_{(i)})} e^{z_l\beta}} - A_{hi}(\beta)A_{ji}(\beta) \quad (h,j=1,\ldots,p)$$

6.3 Cox モデルを仮定した下での生存率関数の推定

これまでの説明により, Cox モデル $\lambda(t;z) = \lambda_0(t)\exp(z\beta)$ の回帰係数ベクトル β は部分尤度関数を最大にする $\hat{\beta}$ が最尤推定値であることがわかった. $\hat{\beta}$ により, それぞれの予後因子の生存率への寄与度を推定できる. しかしながら, このままでは Cox モデルに基づく生存率の推定を行うことができない. Cox モデルを仮定したときの共変量ベクトル z をもつ個体の時間 t における生存率関数は

$$F(t;z) = F_0(t)^{\exp(z\beta)} \tag{6.5}$$

$$\text{ただし, } F_0(t) = \exp\left\{-\int_0^t \lambda_0(u)du\right\}$$

であった. そこで, ベースライン生存率関数 $F_0(t)$ を推定する方法を考えることにする. $F_0(t)$ の推定は, Kapalan-Meier 法での生存率関数の推定と同様にノンパラメトリックな全尤度関数 (3.3) もしくは (5.1) を使った最尤推定で行う.

$t_{(1)},\ldots,t_{(k)}$ は異なる生存時間, D_i は $t_{(i)}$ で死亡した症例の集合 (その症例番号の集合), C_i は $[t_{(i)}, t_{(i+1)}), i = 0,\ldots,k,$ で打ち切り例になった症例の集合とする. ただし, $t_{(0)} = 0, t_{(k+1)} = \infty, D_0 = \phi$ である. 区間 $[t_{(i)}, t_{(i+1)})$ での打ち切り時間を $c_{il}(l \in C_i)$ と表す.

$t_{(i)}$ で死亡した共変量 z をもつ症例の尤度への寄与は, 打ち切りに独立センサリングを仮定したとき

$$F_0(t_{(i)} - 0)^{\exp(z\beta)} - F_0(t_{(i)})^{\exp(z\beta)}.$$

一方, 打ち切り例の寄与は

$$F_0(C_l)^{\exp(z\beta)}.$$

よって, 尤度関数は以下のようになる.

$$L = \prod_{i=0}^{k}\left\{\prod_{l \in D_i}[F_0(t_{(i)} - 0)^{\exp(z_l\beta)} - F_0(t_{(i)})^{\exp(z_l\beta)}]\prod_{l \in C_i}F_0(c_{il})^{\exp(z_l\beta)}\right\} \tag{6.7}$$

ここで，D_0 は空集合である．Kaplan-Meier 法による生存率推定のときと同様に，(6.7) は，$t_{(i)} \leq t < t_{(i+1)}$ に対して $F_0(t) = F_0(t_{(i)})$ すなわち，$F_0(C_{il}) = F_0(t_{(i)})$ のとき最大となる．したがって，離散モデルとして $t_{(j)}$ $(j = 1, \ldots, k)$ におけるハザードの寄与を $1 - \alpha_j$ とすると

$$F_0(t_{(i)} - 0) = F_0(t_{(i-1)}) = \prod_{j=0}^{i-1} \alpha_j \quad i = 1, \ldots, k \quad \alpha_0 = 1$$

(6.7) に代入して項を並べ替えると尤度関数として以下の (6.8) を得る．

$$\prod_{i=1}^{k} \left[\prod_{j \in D} (1 - \alpha_i^{\exp(z_j \boldsymbol{\beta})}) \prod_{l \in R(t_{(i)}) - D_i} \alpha_i^{\exp(z_l \boldsymbol{\beta})} \right] \quad (6.8)$$

推定されるべきパラメータは α と $\boldsymbol{\beta}$ であるが，周辺尤度または部分尤度から推定された $\boldsymbol{\beta} = \hat{\boldsymbol{\beta}}$ を $\boldsymbol{\beta}$ に代入することにより $\alpha_1, \ldots, \alpha_k$ の最尤推定値を求めることにする．α_i に関する (6.8) の対数を微分して

$$\sum_{j \in D_i} \frac{\exp(z_j \hat{\boldsymbol{\beta}})}{1 - \hat{\alpha}_i^{\exp(z_j \hat{\boldsymbol{\beta}})}} = \sum_{l \in R(t_{(i)})} \exp(z_l \hat{\boldsymbol{\beta}}) \quad (6.9)$$

を解くことにより，α_i の最尤推定値を求めることができる．$t_{(i)}$ における死亡が 1 症例のみの場合（同時死亡がない場合）には，(6.9) を解き

$$\hat{\alpha}_i = \left(1 - \frac{\exp(z_{(i)} \hat{\boldsymbol{\beta}})}{\sum_{l \in R(t_{(i)})} \exp(z_l \hat{\boldsymbol{\beta}})}\right)^{\exp(-z_{(i)} \hat{\boldsymbol{\beta}})} \quad (6.10)$$

を得る．同時死亡がある場合には，反復解法が必要となり，その初期値として

$$\log \alpha_{i_0} = \frac{-d_i}{\sum_{l \in R(t_{(i)})} \exp(z_l \hat{\boldsymbol{\beta}})}$$

の条件を満たす α_{i_0} を使う．上式は

$$\hat{\alpha}_i^{\exp(z_j \hat{\boldsymbol{\beta}})} = \exp(e^{z_j \hat{\boldsymbol{\beta}}} \log \hat{\alpha}_i)$$
$$\cong 1 + \exp(z_j \hat{\boldsymbol{\beta}}) \log \hat{\alpha}_i$$

を (6.10) に代入することによって得られる. $\hat{\alpha}_i$

ベースライン生存率関数の最尤推定値は

$$\hat{F}_0(t) = \prod_{i|t_{(i)}<t} \hat{\alpha}_i \tag{6.11}$$

となるが, (6.11) は Kaplan-Meier 法による推定値と同様に階段関数であり, 死亡時点 $t_{(i)}$ で不連続である. すべての症例で $z=0$ のとき, (6.11) は Kaplan-Meier 法による推定値と同じになる. 共変量 $\tilde{z}$ に対する推定生存率関数は以下の (6.12) で与えられる.

$$\hat{F}(t;\tilde{z}) = \prod_{i|t_{(i)}<t} \hat{\alpha}_i^{\exp(\tilde{z}\hat{\beta})} \tag{6.12}$$

6.4　Cox モデルの下での生存率関数推定の例

Cox モデルの下での生存率関数の推定を, 生存時間データを用いて例示する（表 6.1）. 表 6.1 は表 4.1 の生存時間データと同じである. 症例数は 10 例, 生存期間の単位は月, 生死は 1 が死亡, 0 が打ち切りを示す. 同一月（24 か月）に死亡と打ち切りが同時に発生しているが同時死亡はない. 共変量は 1 個（表中のグループ）のみで, 二つの治療法が 0 と 1 でコード化されている. (6.12) の公式により生存率関数を推定するが, そのためにはまず α_i を推定する. α_i を推定するための計算過程を表 6.1 の第 4 列目以降に示した.

Cox モデルの生存率曲線と共変量を考慮しない Kaplan-Meier 法による生存率曲線とを図 6.1 に示した. 実線が共変量（グループ）を考慮に入れた比例ハザードモデルの生存率曲線, 点線が Kaplan-Meier 法による生存率曲線である. グループを考慮すると, 治療法=1 の予後不良の重みがかかる分, 生存率曲線が下側に来ている.

6.5　モデルの適合性のチェック

Cox モデルでは, 解析に用いる予後因子において二つ以上のカテゴリーのハザード比が時間に関係なく一定の値をもつことを仮定している. このことを"**予後因子は比例ハザード性の仮定を満たす**"という. 生存時間データを比

88　第6章　比例ハザードモデル

表 6.1 表 4.1 の生存時間データを Cox モデルで推定した例

症例	グループ	生存期間	生死	$\exp(z_l\beta)$	$\exp(z_{(i)}\beta)$	Sum of $\exp(z_l\beta)$	$1-\dfrac{\exp(z_i\beta)}{\sum \exp(z_l\beta)}$	$\exp(-z_{(i)}\beta)$	α_i	$\hat{F}_0(t)$	$\hat{F}(t,z)$
1	1	12	1	1.847	1.847	11.942	0.8453	0.541	0.9130	0.913	0.8453
2	0	20	1	0.541	0.541	10.095	0.9464	1.847	0.9032	0.825	0.8000
3	1	24	1	1.847	1.847	9.553	0.8067	0.541	0.8902	0.734	0.6453
4	1	24	0	1.847				0.541			
5	1	30	1	1.847	1.847	5.860	0.6848	0.541	0.8146	0.598	0.4419
6	0	36	1	0.541	0.541	4.013	0.8651	1.847	0.7651	0.458	0.3823
7	0	40	0	0.541				1.847			
8	1	42	1	1.847	1.847	2.930	0.3696	0.541	0.5834	0.267	0.1413
9	0	50	1	0.541	0.541	1.083	0.5000	1.847	0.2780	0.074	0.0707
10	0	60	0	0.541							

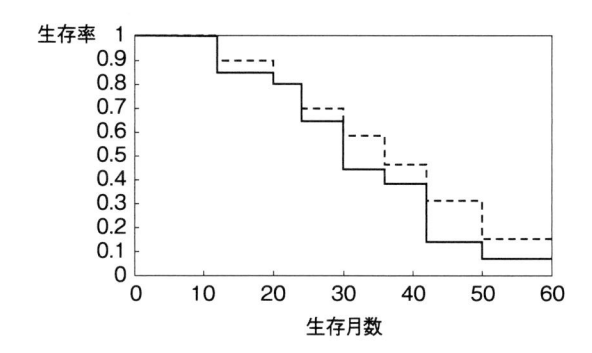

図 6.1 Cox モデルの生存率関数を用いた生存率曲線(実線)と Kaplan-Meier 法による生存率曲線(点線)の比較

例ハザードモデルで解析する場合,まず予後因子が比例ハザード性の仮定を満たすかどうか確かめる必要がある.比例ハザード性の確認方法として,第 5 章 6 節で説明したように,グラフによる確認方法がある.これは,統計解析ソフトウェア JMP, SAS, BMDP などに用意されており,比較的容易に描画できる.もう一つの方法は時間依存型の共変量をモデルに組み込み,比例ハザード性の有意性を検定するというものである.以下では,具体的なデータを用いて,それぞれの方法を説明する.

6.5.1 グラフによるモデルの適合性チェック

比例ハザード性の仮定を満たす 2 値の予後因子 z をもつ症例の時間 t における生存率は,式 (4.2) で説明したとおり

$$F(t; \boldsymbol{z}) = \exp\left\{-\int_0^t \lambda_0(u)\exp(z\beta)du\right\} = \{F_0(t)\}^{\exp(z\beta)}$$

で表される.ただし,$F_0(t)$ はベースライン生存率関数である.この式を 2 回対数をとると

$$\log\{-\log F(t; z)\} = \log\{-\log F_0(t)\} + z\beta \qquad (6.13)$$

となる.実データの $z = z_0, z = z_1$ の 2 群について,Kaplan-Meier 法の生存率曲線を作り $F_0(t)$ に代入する.そして,横軸が t または $\log(t)$,縦軸が (6.13)

のグラフを作成する．もし，比例ハザード性が成り立つならば，2本のグラフは縦方向に平行にシフトするはずである．zが三つ以上の値をもつときには，等間隔で平行にシフトしていれば比例ハザード性が成り立つことになる．

6.5.2 時間依存型共変量を使った適合性チェック

1個の予後因子zが比例ハザード性の仮定を満たすかどうかを調べる方法として，**時間依存型共変量 (time-dependent covariate)** を使う方法がある．すなわち，ハザード関数を

$$\lambda(t;z) = \lambda_0(t)\exp(z\beta_1 + z\beta_2 \log t)$$

とおき，$H_0: \beta_2 = 0, H_A: \beta_2 \neq 0$の検定を行う．この検定で，帰無仮説が棄却されたときには比例ハザード性の仮定が満たされているとは言えない．しかしながら，サンプル数の大きいデータではほんの少しの比例ハザード性からのずれを検知して帰無仮説が棄却されることがある．また，サンプル数の小さいデータでは，比例ハザード性の仮定が成り立たないにもかかわらず，帰無仮説を棄却できないことが起こりうる．したがって，この検定結果でのみ決めるのではなく，グラフによるチェックと併用することが望ましい．

6.6　Coxモデルの解析事例

単純ログランク検定では有意差はなくCox解析では有意差が出る例

付録6.1のデータは，治療法，疾患の重症度，生存時間，転帰の四つの変量をもつ仮想的な臨床試験データである．治療法，疾患の重症度が共変量である．治療群（治療法のコード＝1）は50例，無治療群（治療法のコード＝0）は50例，合計100例である．治療群と無治療群の生存率曲線を描くと図6.2となり一見すると，2群の生存率には有意差はないように見える．実際にSPSSを用いて，2群の生存率曲線の有意差を有意水準5%のログランク検定で検定すると，$p = 0.765$となり有意差は認められない．

この生存時間データを疾患の重症度（0：軽度，1：重度）で層別化して，治療の有無別の生存率を推定した結果が図6.3である．軽度，重度の群ともに，治療群の生存率曲線は無治療群のそれに比べて高い．

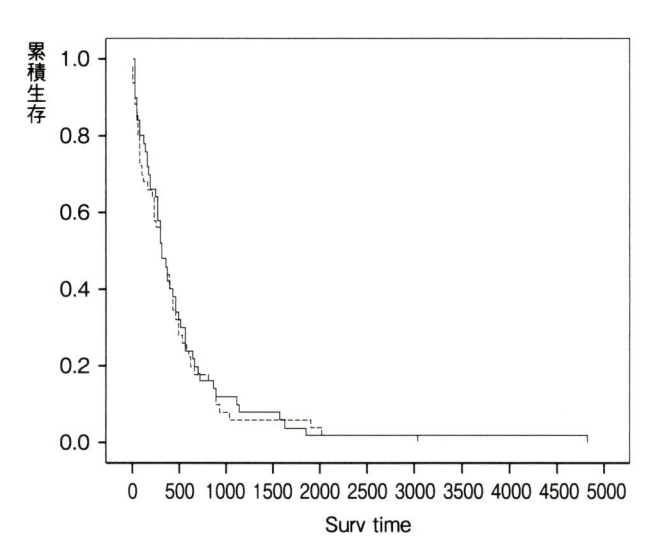

図 6.2 仮想的な臨床試験データ（付録 6.1）の治療群（実線）と無治療群（点線）の Kaplan-Meier 法による生存率の推定．重症度は無視した推定結果である．

このようなデータに対して，

$$\lambda(t \mid 治療法) = \lambda_0(t) \exp(\beta_1 \times 治療法)$$

という重症度を無視したモデルを仮定して Cox 解析した結果を図 6.4 に示す．推定回帰係数は -0.06 であり，帰無仮説：$H_0 := 0$ の**ワルド検定 (Wald test)** の結果，$p = 0.765$ で有意ではない．

一方，このデータを重症度の効果を補正した上で治療効果を判定するために，

$$\lambda(t \mid 治療法, 重症度) = \lambda_0(t) \exp(\beta_1 \times 治療法 + \beta_2 \times 重症度)$$

を仮定して解析してみる．すなわち，治療因子の回帰係数を β_1 としたとき，

帰無仮説： $\beta_1 = 0$
対立仮説： $\beta_1 \neq 0$

の検定をワルドの検定もしくは尤度比検定で行う．

SPSS で解析した結果を図 6.5 に示した．治療法の推定回帰係数は -0.717 であり，治療法が生存率に有意な影響を与えるか否かのワルド検定の結果

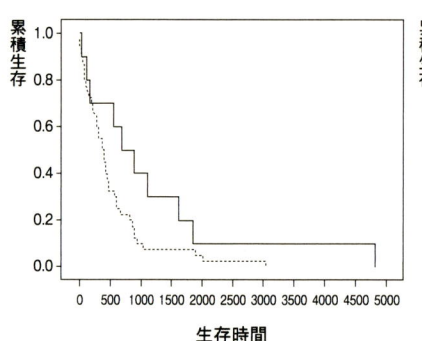

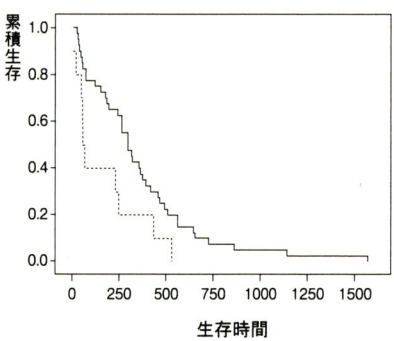

図 6.3 付録 6.1 の生存時間データを疾患の重症度で層別して，治療の有無の生存率曲線を作成した図

Cox 回帰分析
ブロック 1：方法＝強制投入法　　モデル係数のオムニバス検定 [a,b]

−2 対数尤度	全体 (得点)			前のステップからの変更			前のブロックからの変更		
	カイ2乗	自由度	有意確率	カイ2乗	自由度	有意確率	カイ2乗	自由度	有意確率
727.389	.089	1	.765	.089	1	.765	.089	1	.765

a. 開始ブロック番号 0, 初期対数尤度関数：−2 対数尤度：727.479
b. 開始ブロック番号 1．方法 = 強制投入法

方程式中の変数

	B	標準誤差	Wald	自由度	有意確率	Exp (B)	Exp(B) の 95.0% CI	
							下限	上限
Treat	−.060	.202	.089	1	.765	.941	.634	1.398

図 6.4 付録 6.1 のデータにおいて重症度を無視した Cox 解析を SPSS で行った結果

$p = 0.006$ となり，有意水準 5% で有意差を認めるという結果を得る．すなわち，治療群の生存率は無治療群のそれに比べて有意に高いことが示された．参考のために，層別ログランク検定を行うと $p = 0.007$ となり，有意な治療効果を正しく検出していることがわかる．

付録 6.1 のデータは仮想的なデータであると述べたが，第 5 章 6.2.3 節の方法に従い，生存時間を以下の指数モデルを使って発生させている．

$$F(t; \boldsymbol{z}) = \exp\{-0.5t \cdot e^{-0.75 \times z_1 + 1.25 \times z_2}\}$$

Cox 回帰分析
ブロック1：方法＝強制投入法　　モデル係数のオムニバス検定 [a,b]

−2 対数尤度	全体 (得点)			前のステップからの変更			前のブロックからの変更		
	カイ2乗	自由度	有意確率	カイ2乗	自由度	有意確率	カイ2乗	自由度	有意確率
710.919	16.158	2	.000	16.560	2	.000	16.560	2	.000

a. 開始ブロック番号 0，初期対数尤度関数：−2 対数尤度 = 727.479
b. 開始ブロック番号 1．方法 = 強制投入法

方程式中の変数

	B	標準誤差	Wald	自由度	有意確率	Exp (B)	Exp(B) の 95.0% CI	
							下限	上限
Treat	−.717	.263	7.435	1	.006	.488	.291	.817
Stage	1.115	.277	16.244	1	.000	3.051	1.774	5.248

図 **6.5**　付録 6.1 のデータにおいて重症度をモデルに加えた Cox 解析を SPSS で実行した結果

ただし，z_1, z_2 は，それぞれ，治療法と重症度である．治療法と重症度の回帰係数の真値が，それぞれ −0.75 と 1.25 であるのに対して，2 変数を入れた Cox 解析を行った図 6.5 では，$\hat{\beta}_1 = -0.72$, $\hat{\beta}_2 = 1.12$ という結果であった．

実際の臨床試験では，生存時間に重大な影響を与える因子に関して，このデータのように，治療群と無治療群との間で極端な不均等割付けとなる（治療群間で人数分布に偏りが生じる）ことは少ないと思われる．しかしながら，臨床試験で収集しなかった予後因子や未知の要因で不均等が生じる場合も考えられる．これらの不均等割付けをなくするために，無作為化割付を厳格に行う必要がある．

治療群の生存率曲線に有意差があるか否かの検定を，重症度で層別した層別ログランク検定で行うと $p = 0.007$ となり有意差があるとの結果を得る．すなわち，比例ハザードモデルを使った治療効果判定の結果と層別ログランク検定のそれとは一致した．この場合，層別因子が 1 個であったが，実際の臨床試験データではさらに多くの層別因子による補正が必要となることがある．層別因子の個数が多くなると，層内の症例数が少なくなり治療効果における検出力が低下することがある．したがって，層別因子とその因子のカテゴリー数は少なくしなければならない．

6.7 ハザード比の利用例

ハザード比は，臨床研究論文の中でしばしば用いられる．たとえば，治療群が無治療群に比べて生存率を高める効果があるかどうかを調べる臨床試験では，図 6.6 が示されることがある．図 6.6 では，各予後因子のそれぞれのカテゴリーについて，「無治療群に対する治療群のハザード比とその 95%信頼区間」が図示されている．プライマリーエンドポイントによる治療効果判定以外に，予後因子の各カテゴリーで無治療群に対する治療群のハザード比を調べることは，その治療法を適用する症例群を選定する際に有用な情報を提供する．

図 6.6 の性別を見てみよう．男性のハザード比は 0.6 から 0.7 くらいでありその 95%信頼区間も 1 より小さい．一方，女性では，ハザード比が男性に比べて 1 に近く 95%信頼区間も 1 を含む区間となっている．症例数が男性に比べて女性のほうが少ないので，信頼区間も大きくなっているとも解釈できるが，男性の方が女性に比べて効果が期待できるかもしれない．

手術時年齢については，高年齢になるに従いハザード比は 1 に近い値となっている．60 歳未満ではハザード比が 0.5 以下であると推定され，高年齢よりよく効く可能性を示唆している．臨床進行期についても同様な傾向が認められる．

6.7 ハザード比の利用例

背景因子	死亡例数/全観察可能例数		ハザード比
	治療群	無治療群	(95%信頼区間)
性別			
男	70/358	101/362	
女	27/157	36/157	
手術時年齢			
＜60歳	27/192	46/191	
60 - 69歳	36/193	54/211	
70 - 80歳	34/130	37/117	
臨床進行期			
Ⅱ	24/232	38/233	
ⅢA	43/194	63/203	
ⅢB	30/89	36/83	

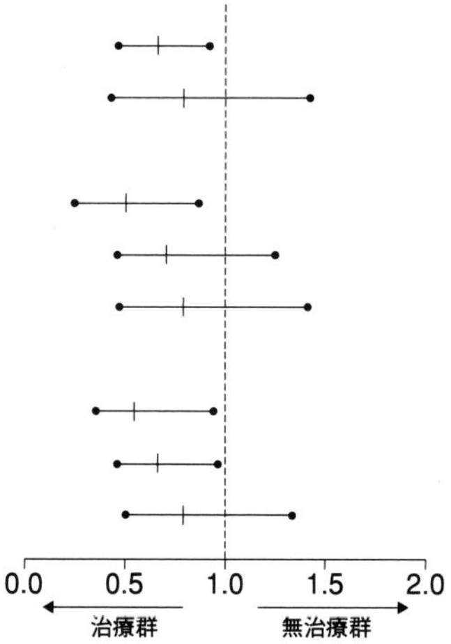

0.0　0.5　1.0　1.5　2.0
←治療群　無治療群→

図 **6.6** 各背景因子のカテゴリー別に見た無治療群に対する治療群のハザード比

付録 6.1 仮想的な臨床試験データ

症例番号	治療群	重症度	生存時間	予後	症例番号	治療群	重症度	生存時間	予後
1	0	0	211	0	51	1	0	894	0
2	0	0	432	0	52	1	0	169	0
3	0	0	156	0	53	1	0	1116	0
4	0	0	89	0	54	1	0	42	0
5	0	0	906	0	55	1	0	1855	0
6	0	0	123	0	56	1	0	4823	0
7	0	0	1	0	57	1	0	1621	0
8	0	0	285	0	58	1	0	567	0
9	0	0	7	0	59	1	0	703	0
10	0	0	106	0	60	1	0	133	0
11	0	0	59	0	61	1	1	378	0
12	0	0	479	0	62	1	1	197	0
13	0	0	320	0	63	1	1	358	0
14	0	0	620	0	64	1	1	469	0
15	0	0	300	0	65	1	1	319	0
16	0	0	27	0	66	1	1	179	0
17	0	0	236	0	67	1	1	395	0
18	0	0	598	0	68	1	1	125	0
19	0	0	664	0	69	1	1	268	0
20	0	0	402	0	70	1	1	57	0
21	0	0	439	0	71	1	1	365	0
22	0	0	475	0	72	1	1	60	0
23	0	0	3041	0	73	1	1	36	0
24	0	0	223	0	74	1	1	79	0
25	0	0	935	0	75	1	1	42	0
26	0	0	374	0	76	1	1	38	0
27	0	0	818	0	77	1	1	496	0
28	0	0	574	0	78	1	1	299	0
29	0	0	450	0	79	1	1	29	0
30	0	0	94	0	80	1	1	649	0
31	0	0	399	0	81	1	1	269	0
32	0	0	373	0	82	1	1	564	0
33	0	0	2018	0	83	1	1	727	0
34	0	0	877	0	84	1	1	155	0
35	0	0	1041	0	85	1	1	77	0
36	0	0	1908	0	86	1	1	321	0
37	0	0	20	0	87	1	1	188	0
38	0	0	312	0	88	1	1	565	0
39	0	0	905	0	89	1	1	247	0
40	0	0	93	0	90	1	1	270	0
41	0	1	530	0	91	1	1	299	0
42	0	1	57	0	92	1	1	1144	0
43	0	1	73	0	93	1	1	513	0
44	0	1	51	0	94	1	1	1570	0
45	0	1	23	0	95	1	1	657	0
46	0	1	8	0	96	1	1	864	0
47	0	1	61	0	97	1	1	300	0
48	0	1	234	0	98	1	1	50	0
49	0	1	436	0	99	1	1	420	0
50	0	1	248	0	100	1	1	461	0

参考文献

[1] Cox, D. R.: Regression models and life tables (with discussion). *J. Roy. Stat. Soc.*, B34, 187-220 (1972).
[2] Marubini, E. and Valsecchi, M. G.: *Analyzing Survival Data from Clinical Trials and Observational Studies*, Wiley, New York, 1996.
[3] 中村　剛:『Cox 比例ハザードモデル』, 朝倉書店, 2001.
[4] Cox, D.R.: Partial likelihood. *Biometrika*, 62, 269-276.

第7章 生存時間解析における必要症例数の推定

　この章では，生存時間解析における症例数と検出力との関係を考える．**検出力 (power)** は，本シリーズ第1巻6章 (6.1.6) で正式に定義されているが，「真実は対立仮説が正しいときに，検定により帰無仮説を棄却する（対立仮説を採用する）確率」のことをいう．検出力の低い臨床試験では，本当は治療効果のある薬を検定で治療効果があるとは立証できない，誤った結論を導く可能性がある．したがって，検出力低下の原因，その原因による検出力低下の程度および検出力の低下を防ぐ方策を研究することが重要となる．検出力を低下させないための一つの要因として，**「必要十分な症例数の確保」**がある．実験や臨床試験，疫学研究を行う際に，どれくらいの症例数を確保しなければならないのかの正確な見積りが必要となる．本章では，生存時間を評価尺度とする研究や疫学調査で必要となる症例数の見積り方法を述べる．

7.1 症例数と検出力の関係

7.1.1 症例数の過多や不足が検定結果に及ぼす影響

　必要症例数の見積りは，研究を始める前に行う必要がある．たとえば，臨床試験を100例で行ってよいのか，それとも，1,000例で行わなければならないのかでは，研究実施に関わる労力と時間がまったく異なる．多数の症例数収集は信頼性の高い統計解析を期待できる．逆に，たとえば，本当は600例で治療効果を検出できる臨床試験で，1,000例を集積したとすると，それは時間と労力の浪費であり新治療法の承認申請の時期を遅らせることになりかねない．逆に，600例の収集が必要な臨床試験で100例しか収集できない場合，本来は新薬の方が生存率を有意に高める効果があるにもかかわらず，症例数不足が原因でその有意差を検出できない．

7.1.2 第2種の過誤と検出力

ここでは，生存時間を評価尺度とする臨床試験での治療効果に関する有意差検定を例に挙げて解説する．

この種の臨床試験では，新しい治療薬が無治療もしくは対照薬と比較して生存時間の延長があることを立証する．この場合の帰無仮説と対立仮説は以下のとおりである．

帰無仮説：新しい治療薬と従来の治療薬の生存率に差がない．
対立仮説：新しい治療薬は従来の治療薬に比べて生存率が高い．

上述の仮説の記述において，生存率という用語を用いたが，本書の第1章で述べたように，発生するイベントにより，無再発率，治癒率などが代用される．

7.1.2.1 第2種の過誤

「新治療薬が従来の薬に比べて効果がある」が真実であるときに，過少の症例数で検定を行ったとする．この検定では，対立仮説が採択されるべきところであるが，実際にはその対立仮説を採択できないことが起こりうる．「効果（生存率曲線）に差がない」という帰無仮説が誤って採択される確率を**第2種の過誤 (Type II error)** と呼び，その大きさを β で表す（本シリーズ第1巻第6.1節参照）．

症例数が十分とはいえない臨床試験では，新治療法は本当に効果がないのか？それとも，新治療法の効果はあるものの，例数が少ないために第2種の過誤が大きくなり有意差を検出できないのか？の区別がつかないことになる．症例数を適切に見積もり，その見積もりどおり症例を集積して検定すれば，このような誤りは発生しなかったはずである．

7.1.2.2 検出力

生存時間解析に限らず，一般に，本当に存在する"新しい治療薬の効果"を検定で検出できる（検定の結果，有意差ありとする）確率を**検出力 (power)** と呼ぶ．検出力をわかりやすく説明するために，平均値の差を Student の t-検定で検定することを考える．t-検定では，検定統計量は自由度が2群の症例

数に依存する t-分布に従う. 帰無仮説, 対立仮説の下での二つの t-分布と棄却域, 採択域を同時に図7.1 に示した. この図で, 第2種の過誤の大きさ β は対立仮説の下での分布の黒色の部分で示される. したがって,「検定により対立仮説を正しく検出する」確率は, t-検定統計量が同じく対立仮説の分布における灰色の領域の面積となる. 灰色部分の面積は $1-\beta$ であり, **検出力は $1-\beta$ で表される**. すなわち, 2群の平均値の差の検定なので, 2群それぞれの標本平均値, 標本標準偏差, 症例数がわかれば, 帰無仮説, 対立仮説の分布の離れ具合が決まり, さらには, 有意水準に基づく棄却域が決まれば第2種の過誤が計算でき, 最終的に検出力と症例数の関係式も求まる(丹後 [1]).

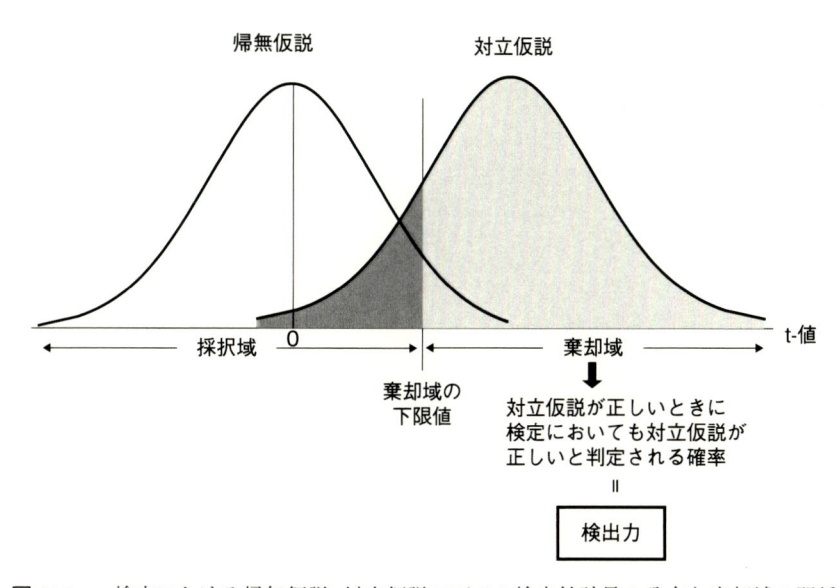

図 7.1 t-検定における帰無仮説, 対立仮説の下での検定統計量の分布と棄却域の関係

7.2 ログランク検定におけるサンプルサイズ算出の公式

2群の生存率曲線の有意差検定はログランク検定で行われるが, ログランク検定で必要とされる1群あたりの症例数は,

$$n = \frac{1}{2 - S_1(t^*) - S_0(t^*)} \times \left(\frac{\theta+1}{\theta-1}\right)^2 (Z_{\alpha/2} + Z_\beta)^2$$

で与えられる．ただし，$Z_{\alpha/2}$ と Z_β は，それぞれ，標準正規分布 $N(0,1)$ の上側確率が $\alpha/2, \beta$ に対する上側 $100 \times (\alpha/2)$ パーセント点，上側 $100 \times \beta$ パーセント点，θ はハザード比，$S_i(t^*)(i=0,1)$ は時間 t^* における生存率である (Freedman [2])．この公式の導き方は章末の付録 1 に示した．この公式を導くための仮定として，

(1) 解析に用いる症例は均一である．
(2) 比較する 2 群のハザード比は時間によらず一定である．すなわち，比例ハザードモデルに従う．

があることに注意しなければならない．臨床試験では，年齢，症状，生活習慣等の異なる症例が登録されるので，条件 (1) は一般には成り立たない．適格条件で症例をより均一化する，もしくは，層別ログランク検定や Cox 解析を使うことにより不均一の効果を補正するということが必要となる．

例題 1

これまでの臨床的知見から，標準治療群の 5 年生存率が 50%，新治療群の 5 年生存率が 65% であるとする．この期待される生存率の差を有意水準 5% の両側検定，検出力 80%，脱落率 5% でログランク検定で検定を行うとしたとき，1 群あたりの必要症例数を計算してみよう．

解答
$$\theta = \log(0.65)/\log(0.5) = 0.621$$

となるから，1 群あたりの必要症例数は

$$\begin{aligned} n &= \frac{(1.621/0.379)^2 \times (1.96+0.84)^2}{(2-0.65-0.5)} \\ &= \frac{143}{0.85} \\ &= 168 \end{aligned}$$

脱落例の発生率が約 5% であると仮定しているので，1 群あたりの症例数は

180例程度必要である.

7.3 症例数算出用のソフトウェア

ログランク検定における必要症例数は上述の公式で求められるが,統計学的な知識と計算力を兼ね備えていないと計算ミスを犯しかねない.Excelやインターネットの統計学関連のサイトで比較的容易に症例数を算出することも可能であるが,ここでは症例数算出のための専門のソフトウェアを紹介する.

信頼性の高い症例数算出用のソフトウェアとして,**nQuery Advisor**がある.図7.2はnQuery Advisorの初期画面である.画面上段のGoalでSurvival(Time to Event), Number of groupsでTwoを選択すると,図7.2の下段が表示される.図7.2において"logrank test for equality of two survival curves"を選択すると,図7.3が表示される.図7.3はログランク検定での1群あたりの必要症例数を算出するための画面である.画面の上から順に,有

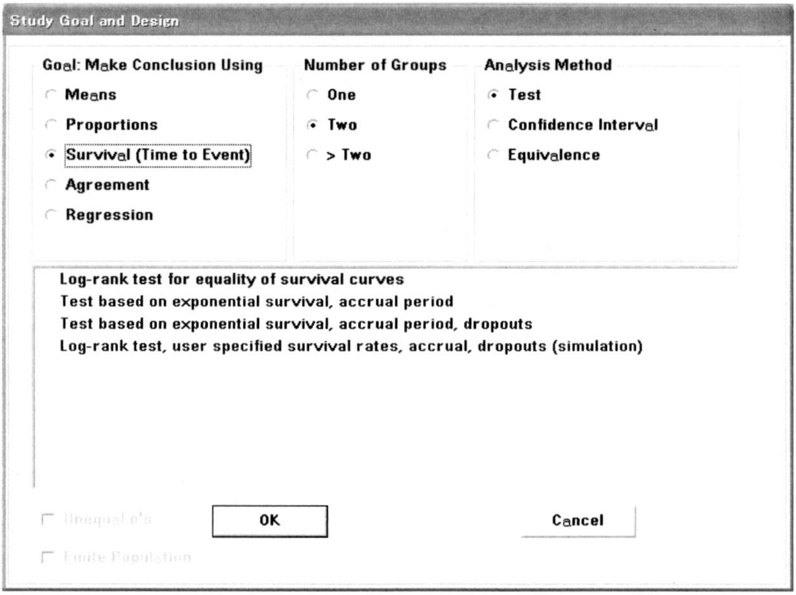

図 **7.2** 症例数算出のためのソフトグラム nQuery Advisor の初期画面

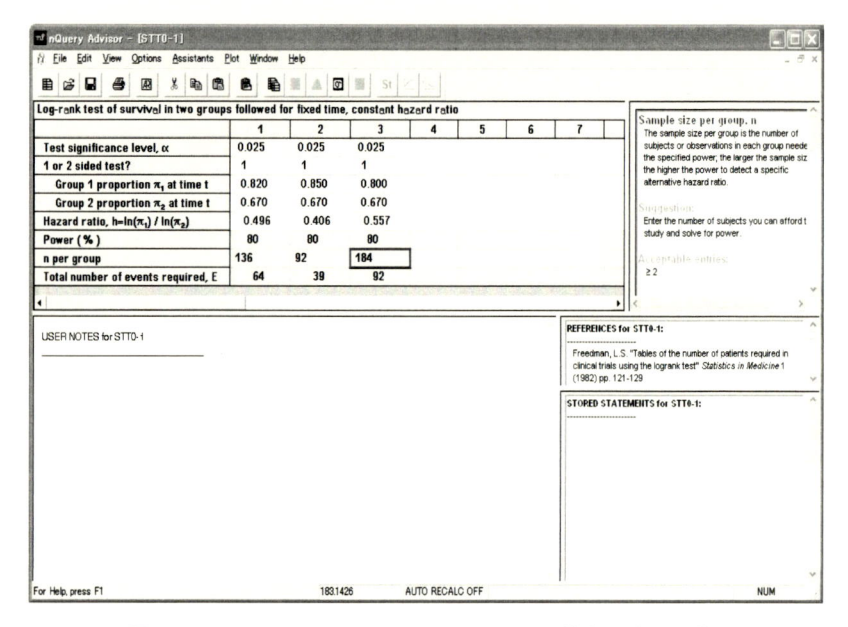

第 7 章　生存時間解析における必要症例数の推定

図 7.3　nQuery Advisor によるログランク検定の症例数算出

意水準, 片側検定と両側検定の別, 時間 t における群 1 の生存率, 群 2 の生存率, 検出力を入力して, 1 群あたりの必要症例数と期待死亡数を出力する. 図 7.3 において, 第 1 列を選択した状態で, 上側にあるメニューバー Plot の中の "Plot Power vs n" を選択すると, 横軸が症例数, 縦軸が検出力の検出力曲線が作成される. これにより, 特定の検出力に対応する症例数が何例なのかを容易に把握できる. Excel その他で上述の公式を正確に入力し計算してもよいが, 必ず参考書等の例題を参照し計算結果が正しいかどうかを確認することが必要である. また, 論文の Methods の Statistical analysis などで症例数算出のプロセスを述べることも必要になるが, nQuery Advisor などの信頼できるソフトウェアを使った, と記述した方が査読者の印象はよいものと思われる.

例題 2

第II相臨床試験の結果から，新治療法での 2 年生存率が 82%，対照群のそれが 67% であるとき，第III相臨床試験で必要となる症例数はどれくらいか？ただし，有意水準 2.5% の片側ログランク検定で有意差検定を行うとして，検出力は 80% にする．

また，他の二つの第II相臨床試験では，同じ新治療法の 2 年生存率がそれぞれ 85% と 80% であったとする．他の条件は上述と同じとき，必要症例数はいくらになるか？

解答

nQuery Advisor を用いて，設問にある三つの条件下でのログランク検定の必要症例数を算出してみる．手順は以下のとおりである．

(1) 初期画面（図 7.2）において，Goal=Survival, Number of Groups=two, Analysis=test を選択して，図 7.2 の下側の生存率解析一覧を表示する．
(2) 生存率解析一覧からログランク検定を選択し，ログランク検定の症例数算出の画面（図 7.3 で数値の入っていない画面）を開く．
(3) 図 7.3 において

    有意水準 = 0.025
    両側？それとも片側？ = 片側（数字の 1）
    群 1 の時間 t における生存率 =0.82
    群 2 における時間 t における生存率 =0.67
    検出力 =80(%)

    を入力して Enter キーを押す．
(4) 出力結果として，図 7.3（1 群あたりの症例数 n とイベント発生数が算出された図）が表示される．ただし，図 7.3 では，3 つの条件を別々に実行した結果である．

図 7.3 から，生存率 82% と 67% の組合せにおける症例数は 1 群あたり 136 例であることがわかる．また，85% と 67%，80% と 67% の組合せにおける症例数は，それぞれ 92 例，184 例となる．ここで，わずか 2, 3% の生存率の違いにより，症例数が数十例も異なってくることに注意されたい．事前に行われた臨

床試験のうち，どの推定値を使うかよく吟味しないと，新しい臨床試験のための必要症例数を言い誤ることがある．

例題 3

他の臨床試験の結果から，新治療法での5年生存率が52%，対照群のそれが37%であることがわかっているとき，新たな臨床試験実施において必要となる症例数はどれくらいか？ ただし，有意水準5%の片側ログランク検定で有意差検定を行うとして，検出力は80%とする．

解答

nQuery Advisor で症例数を算出すると1群あたり166例必要であると推定される．例題2も例題3も2群の生存率の差は15%で同じであるにもかかわらず，必要症例数には違いが出てくる．これは対照群の生存率が異なるためである．例題2では対照群の生存率が67%，例題3では37%であり，これらの値が症例数に影響を与えている．一般に2群の生存率の差，有意水準，検出力が同じとき，対照群の生存率が50%前後で必要症例数が最大となり，10%や80%付近ではその値が小さくなる (Machin [3])．

7.4　シミュレーションによる症例数と検出力の関係の推定

前節では，2群の生存率曲線の有意差検定を行うための代表的な検定方法，ログランク検定の症例数算出の公式を示し，症例数算出プログラム nQuery Advisor の使い方を説明した．Freedman によって示されたこの公式は，症例の均一性と2群の比例ハザード性が成り立つときに適用可能である．また，公式導出では，帰無仮説，対立仮説，それぞれの下での検定統計量の漸近分布が使われている．したがって，統計理論として性質のよい条件が揃ったところでの公式導出といえる．

一方，実際の臨床研究では，適格条件を厳しくして症例を絞り込んだとしても症例の均一性は保証されていない．そこで，実際の条件により近い環境下での症例数算出が行われるべきである．この症例数の推定はコンピュータシミュレーションで実現可能である．以下では，その方法と事例を説明する．

7.4 シミュレーションによる症例数と検出力の関係の推定

1回の無作為抽出で得られた2標本に対して有意差検定を行った場合,延命効果を立証できる回数は0または1回のいずれかである.同じ条件での無作為抽出をもう1回行うと,1回目の標本とは異なる生存率と標準誤差をもつ標本を得る.2回までのログランク検定で有意差を得る回数は,0,1,2回のいずれかである.このように検出力は,同じ条件での標本抽出を m 回行い,その中で有意差が何回得られたかの割合で示される.

図7.4は,モンテカルロ法による検出力算出のフローチャートが示されている.大きく分けると,1) 生存時間の作成,2) ログランク検定の実施,3) 有意差のあった検定結果の集計,の3つである.

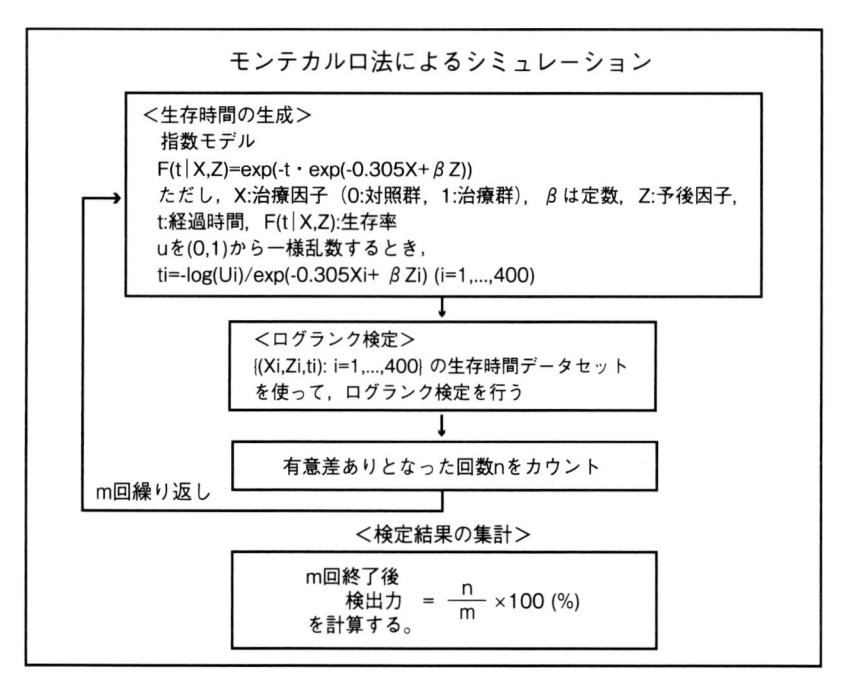

```
┌─────────────────────────────────────────────────┐
│         モンテカルロ法によるシミュレーション          │
│   ┌─────────────────────────────────────────┐   │
│   │ <生存時間の生成>                          │   │
│   │  指数モデル                               │   │
│   │  F(t|X,Z)=exp(-t・exp(-0.305X+βZ))        │   │
│   │  ただし, X:治療因子(0:対照群,1:治療群),    │   │
│   │  βは定数, Z:予後因子,                     │   │
│   │  t:経過時間, F(t|X,Z):生存率              │   │
│   │  uを(0,1)から一様乱数するとき,             │   │
│   │  ti=-log(Ui)/exp(-0.305Xi+βZi) (i=1,...,400)│   │
│   └─────────────────────────────────────────┘   │
│                     ↓                            │
│         ┌───────────────────────────┐           │
│         │ <ログランク検定>           │           │
│         │ {(Xi,Zi,ti): i=1,...,400} の生存時間データセット │
│         │ を使って,ログランク検定を行う │           │
│         └───────────────────────────┘           │
│                     ↓                            │
│         ┌───────────────────────────┐           │
│         │ 有意差ありとなった回数nをカウント │         │
│ m回繰り返し └───────────────────────────┘         │
│              <検定結果の集計>                    │
│         ┌───────────────────────────┐           │
│         │  m回終了後                  │           │
│         │   検出力  = n/m ×100 (%)    │           │
│         │  を計算する。                │           │
│         └───────────────────────────┘           │
└─────────────────────────────────────────────────┘
```

図 7.4 検出力を推定するためのモンテカルロシミュレーションのアルゴリズム.治療効果のハザード比を $\exp(-0.305)$ と仮定した.

有意水準5%でのログランク検定の検出力は,2群の生存率,差の標準誤差,ならびに,サンプル数に依存して決まる.生存率の差が小さくても標準誤差も

小さいならば，検出力は高くなる．また，同じ生存率でもサンプルサイズが大きいほど検出力は高くなる．

7.2節で説明したログランク検定の症例数算出では，有意水準，検出力，2群のある時点での生存率，および，2群のハザード比から症例数を求めた．上述のコンピュータシミュレーションでは，**実際のデータに基づき不均一性など**を考慮したシミュレーション用データを n 例分人工的に作り，そのデータをログランク検定にかけて有意差のあった回数をカウントすることにより検出力を求める．このシミュレーション法では，m 個の「n 例の生存時間データ」から検出力を求めることはできるが，検出力から必要症例数 n を求めることはできない．一方，症例の不均一，割付の不均等，打ち切り例発生の割合などを細かく指定して，生存率，標準誤差および検出力を求めることができるので，付加的な情報も収集できる．

7.5 Coxの比例ハザードモデルの統計学的検出力の推定

生存曲線の有意差検定は主にログランク検定により行われるが，複数の予後因子が存在する場合や症例の不均一が著しい場合には，**Coxの比例ハザードモデルによる多変量解析**を行うべきである．Coxモデルによる生存率解析（以下，**Cox解析**と呼ぶ）は，ある特定の因子（治療因子や注目するリスク因子）が生存率の向上や低下に影響を与えるかを評価する際に，予後因子の影響を補正できるというメリットをもつ（第6章6節）．たとえば，喫煙の肺癌に対する死亡リスクを評価する前向きコホート研究において，年齢，性別，生活習慣等の共変量の影響を補正しないと喫煙の肺癌死亡へのリスクの大きさを正確に推定することはできない．また，無作為化臨床試験においては，新治療法が従来の治療法に比べて本当に優れた効果があるか否かを判定したいときに，いくつかの予後因子の影響を補正する必要がある．

Schoenfeldは，比較する群間で共変量の分布に不均等はなく，補正すべき共変量の値にも制約条件をつけた上で，症例数算出の公式を導いた (Schoenfeld [4])．ところが，Cox解析の必要症例数には，いろいろな要因が複雑に絡みあって影響を与えていることが知られている．その要因の例としては以下がある

(Johoso et al.[5], Amini and Woolson[6]).
 (1) 有意水準および検出力
 (2) 各共変量の回帰係数の大きさ
 (3) 共変量間の不均等の程度
 (4) 生存例・追跡不能例および脱落例の全症例に占める割合
 (5) 共変量の数と種別（連続変量，順序変量，離散変量）

上述の複数の要因が多様に組合されたことを想定した Cox 解析における必要症例数は，公式で与えることが困難でありシミュレーションを用いて行うしか方法はない．そこで，これらの条件を適宜変えながら症例数と検出力の関係を見出すためのシミュレーションを行うことを考える．

以下では，Cox 解析における症例数と検出力との関係を把握するためのシミュレーション技法について説明する．ここでのプログラミング言語はSAS/IMLであるが，アルゴリズムを理解できれば他の言語での活用も可能である．本来は，検出力を指定して症例数を出力するプログラムにすべきであるが，本プログラムでは，症例数，回帰係数の大きさ，共変量間の不均等，生存例・追跡不能例および脱落例の評価可能例に占める割合，共変量の数と種別（連続変量，順序変量，離散変量）を指定して検出力を出力するようにしている．

Cox 解析の症例数と検出力の関係を見出す従来のシミュレーションの研究では，生存時間分布に指数分布などを仮定している（第5章6節）．しかしながら，特定の生存率関数（たとえば，指数モデルの生存率関数）は指定せずに，共変量に関する比例ハザード性のみの仮定でシミュレーション用生存時間を生成する方法もある (Akazawa et al.[7]).

7.6 シミュレーション用プログラムの概要

本シミュレーションプログラムで使われるパラメータを表7.1にまとめた．モンテカルロシミュレーションでは，
 (1) シミュレーション用生存時間データの生成
 (2) 生成された生存時間データに基づく回帰係数ベクトル β とその漸近分散の推定

表 7.1 Cox 解析の検出力算出プログラムで使われる初期パラメータの一覧

パラメータ	スカラー or ベクトル	パラメータの説明
NS	スカラー	症例数
NF	スカラー	死亡例数
NV	スカラー	共変量の個数
BT	ベクトル ($1 \times$ NV)	回帰係数の真値
NR	スカラー	シミュレーションの試行回数
SEEDi	スカラー	乱数の発生に必要な初期値 ($i = 1, 2, 3, \ldots$)
NC	ベクトル ($1 \times$ NF)	打ち切り例をいつ何例発生させるかを指定するベクトル

(3) 注目している変数に関する β の有意性検定

を NR 回繰り返し行い,帰無仮説:$\beta = 0$ が棄却された回数を NR で割ることにより検出力を求める.NR は通常,1,000 とか 10,000 以上の値である.ここで紹介するプログラムでは,症例数を仮定してそれに対応する検出力を推定している.

モンテカルロシミュレーションを理解してもらうために,(1) から (3) の各モジュールを以下で簡単に説明する.詳細は Akazawa et al.[7] を参照されたい.

7.6.1 シミュレーション用生存時間データの生成

Cox 解析のための人工的なシミュレーション用生存時間データを,SAS/IML で生成する手順を説明する.指数モデルなどで生存時間を直接求める方法がふつうとられるが,ここではリスクの大きさにより,死亡発生順序のみを決める方法をとる.

(1) 表 7.1 に示す初期パラメータを指定する.
(2) 各症例の共変量の値を,行方向に症例,列方向に共変量を配置した NS

×NV の共変量行列 Z によって与える.実際には SHAPE 関数や REPEAT 関数を使い,Z に値を自動的に入力していく.

(3) SHAPE 関数は,異なった次元をもつ行列から新しい行列を作成するときに用いる.たとえば,

$$\text{MTRX} = \text{SHAPE}(\{0\ 1\}, 25, 2)$$

と指定すると各行が $\{0\ 1\}$ からなる 25×2 行列が生成される.

(4) REPEAT 関数は,REPEAT(y,a,b) の形式で a 行 b 列の各要素に y という値を入れた行列を作成する.

(5) UMIFORM 関数は,区間 (0,1) からの一様乱数を発生させる.

(6) SHAPE 関数,REPEAT 関数,UNIFORM 関数などを組み合わせて,共変量行列 Z を作成する例を以下に示す.

$$\text{MT1} = \text{SHAPE}(0, 50, 1);$$
$$\text{MT2} = \text{SHAPE}(1, 50, 1);$$
$$\text{MT3} = \text{SHAPE}(0, 25, 1);$$
$$\text{MT4} = \text{SHAPE}(1, 25, 1);$$
$$\text{MT5} = \text{UNIFORM}(\text{REPEAT}(\text{SEED}, 100, 1));$$
$$\text{MTRX1} = \text{MT1}//\text{MT2};$$
$$\text{MTRX2} = \text{MT3}//\text{MT4}//\text{MT3}//\text{MT4};$$
$$Z = \text{MTRX1}||\text{MTRX2}||\text{MT5};$$

上で示された共変量行列 Z は 100×3 行列で,第 1 列が治療法 (0:Control, 1:Treatment) に関するデータで最初の 50 人に 0 を割り当てる.第 2 列は治療因子とは独立な予後因子 (たとえば,性別,リンパ節転移の有無など) のデータで 1〜25 行に 0,26〜50 行に 1,51〜75 行に 0,76〜100 行に 1 が割り当てられている.第 3 列は区間 (0,1) の一様分布から抽出された乱数である.

7.6.2 死亡例と打ち切り例の決定

本プログラムでは死亡例と打ち切り例およびその発生順序を以下に示す手

順で決定した．いま，最初の $(m-1)$ 人の死亡および打ち切り例が決定している時，m 番目に死亡する症例および m 番目と $m+1$ 番目の死亡の間に発生する打ち切り例は次のようにして決定される．

(1) 共変量行列 Z と予め与えられた回帰係数の真値から各症例について相対危険度 $\exp(z_j\boldsymbol{\beta})$ を計算して，

$$TRK = \sum_{j \in R_m} \exp(z_j\boldsymbol{\beta})$$

を算出する．ただし，z_j は共変量行列 Z の j 行目のベクトル，R_m は m 番目の死亡が発生する直前でのリスク集合である．

(2) $(0,1)$ の一様分布から乱数 r_1 を抽出して $HIT = r_1 \times TRK$ を計算する．次式により決定される j_0 行の症例が m 番目に死亡する症例である．

$$j_0 = \min\left\{j \mid \sum_{q=1}^{j} \exp(z_q\boldsymbol{\beta}) \geq HIT\right\}$$

(3) 打ち切り例を発生させるか否かを予め定めた NC ベクトルにおいて，$NC(m) > 0$ ならば，m 番目と $m+1$ 番目の死亡の間に $NC(m)$ 人の打ち切り例を (1),(2) と同様な方法で発生させる．

ただし，(2) において $\sum_{q=1}^{j} \exp(z_q\boldsymbol{\beta})$ は $\sum_{q=1}^{j} 1$ でおきかえる．

7.6.3 回帰係数ベクトル $\boldsymbol{\beta}$ とその漸近分散の推定

$\boldsymbol{\beta}$ および漸近分散の推定方法の詳細は第 5 章を参照されたい．部分尤度の $\boldsymbol{\beta}$ に関する 1 回，2 回偏微分を求め，Newton-Raphson 法により $\boldsymbol{\beta}$ と漸近分散を推定する．

死亡例数が極端に少なかったり，あるいは，共変量間に極端な不均等が存在するようなシミュレーション行うと，低い確率ではあるが，monotone likelihood, すなわち，生存時間とある共変量の値とのほぼ完全な相関が発生する可能性がある (Bryson and Johnson [8])．monotone likelihood となるまれなサンプルが発生した場合，そのサンプルは捨てて新しいサンプルを生成しな

おす．

7.6.4 注目している変数に関する β の有意性検定

$H_0: \boldsymbol{\beta} = \mathbf{0}$ の仮説検定をワルドの方法を用いて行う．すなわち，$I(\hat{\boldsymbol{\beta}})$ を observed information matrix としたとき，$\hat{\beta}_i / \{I^{-1}(\hat{\boldsymbol{\beta}})_i\}^{0.5} \geq Z_\alpha$ のとき，帰無仮説を棄却する．

7.6.1 から 7.6.3 までの計算を1回行うことにより，β とその漸近分散の推定値，有意性検定の結果が得られる．これを NR 回繰り返し行い，推定回帰係数 $\hat{\beta}$ と真値との差，$\hat{\beta}$ の漸近分散の平均値，検出力を計算する．

7.7 シミュレーションによる検出力算出の例

7.7.1 シミュレーション結果1：治療因子と他の共変量との間に不均等が存在する場合

Johnson らの研究は，治療因子と他の一つの共変量との不均等について調べた．その結果，共変量間に不均等がある場合には検出力が著しく低下することを示唆した．ところが，実際の臨床データでは，一つだけではなく複数の共変量間に不均等が存在することがたびたびある．

本シミュレーションプログラムでは，複数の共変量の不均等が検出力にどのような影響を与えているかを調べることができる．例として，シミュレーションに必要なパラメータを NS =100 例，NF =100 例，NV =5 個（F_0 が治療因子，F_1, F_2, F_3, F_4 が予後因子），回帰係数の真値は，F_0 が 0.5，その他の4因子が 1.0，NR=1000 回とした．さらに，治療因子 F_0 と他の4つの因子との不均等の程度を，表 7.2 に示すようにパターン1からパターン3まで変えてシミュレーションを行った．シミュレーションの結果を表 7.3 に示した．結果から，治療因子と他の共変量との間に不均等があると治療因子の検出力が低下することがわかる．実際の臨床試験では，これほどまでに極端な不均等は生じることはないと思われるが，生存予後に強い影響をもついくつかの共変量で少しずつ不均等がある場合など，検出力への影響は無視できないことがある．

表 7.2 治療因子 F_0 と他の共変量の不均等度

Patten-1		F_1	F_2	F_3	F_4
		L1 L2	L1 L2	L1 L2	L1 L2
F_0	A	25 25	25 25	25 25	25 25
	B	25 25	25 25	25 25	25 25

Patten-2		F_1	F_2	F_3	F_4
		L1 L2	L1 L2	L1 L2	L1 L2
F_0	A	35 15	35 15	25 25	25 25
	B	15 35	15 35	25 25	25 25

Patten-3		F_1	F_2	F_3	F_4
		L1 L2	L1 L2	L1 L2	L1 L2
F_0	A	35 15	35 15	35 15	35 15
	B	15 35	15 35	15 35	15 35

表 7.3 表 7.2 の不均等度がある場合の統計学的検出力の推定値 (%)

共変量	F_0	F_1	F_2	F_3	F_4
Pattern-1	78.9	99.9	99.9	98.2	98.2
Pattern-2	56.8	99.8	99.7	97.6	98.1
Pattern-3	29.1	80.1	75.0	81.3	96.5

7.7.2 シミュレーションの結果 2：追跡不能例, 脱落例が存在する場合

打ち切り例が検出力にどのような影響を与えているのかを調べるために, NS が 40 例, 60 例, 80 例の 3 通り, NF の NS に占める割合が 100%, 75%, 50% の 3 通り, フォローアップ途中での脱落例の NS に占める割合が 0% と 15% の 2 通り, $NV = 2, NR = 1000$ という条件の下でシミュレーションを行った. 結果は表 7.4 のとおりである.

表 7.4 打ち切り例が存在する場合の統計学的検出力の推定値

症例数	追跡不能例と脱落例の割合	死亡列数の割合		
		100%	75%	50%
40	0%	89.7	85.2	73.3
	15%	-	83.0	69.2
60	0%	98.5	94.6	86.5
	15%	-	95.2	83.8
80	0%	99.9	99.6	93.2
	15%	-	97.7	93.3

付録7.1 ログランク検定の症例数算出公式の導出方法

症例登録期間内に登録された症例の総数を n_0 とし，この期間に死亡が確認された相異なる生存時間を小さいほうから順に

$$t_0 < t_1 < \cdots < t_j < \cdots < t_m \tag{7.1}$$

とする．ただし，$j = 0, 1, 2, \ldots, m$，$t_0 = 0$ として，以下の項目を定義する．
1) $d_j (\geq 1)$ 例が同じ生存時間 t_j で記録された．ここで，$d_0 = 0$ とする．
   死亡の総数は $\sum_{j=1}^{m} d_j$ である．
2) 左閉右開区間 $[t_j, t_{j+1})$ で c_j 例が追跡不能となったとする．つまり，

$$n_j = (d_j + c_j) + (d_{j+1} + c_{j+1}) + \cdots + (d_m + c_m) \tag{7.2}$$

とおくと，時点 t_j の直前 t_j-0 で n_j 例の患者がまだ「生存」(number of patients at risk) しているとする．この症例全体が時間 t_j での**リスク集合** $R(t_j)$ である．
3) 生存例，死亡例が表7.5のように新治療法，旧治療法の二つに分割される．
   この状況下で，比例ハザードモデル

$$\lambda(t; x) = \lambda_0(t) \exp(\beta x), \tag{7.3}$$

$x = 1$（新治療），$x = 0$（旧治療）での検定仮説

$$H_0 : \beta = 0, \quad H_1 : \beta \neq 0 \tag{7.4}$$

表 7.5 死亡発生時点 t_j での「治療群」×「死亡発生の有無」の分割表

治療群	死亡の発生数	生存	リスク集合 $R(t_j)$ の患者数
新治療群 ($x=1$)	d_{1j}	$n_{1j}-d_{1j}$	n_{1j}
旧治療群 ($x=0$)	d_{2j}	$n_{2j}-d_{2j}$	n_{2j}
計	d_j	n_j-d_j	n_j

にスコア検定を適用して導かれたログランク検定

$$\frac{\sum_{j=1}^m (d_{1j}-E_{H_0}(d_{1j}))^2}{\sum_{j=1}^m \mathrm{Var}_{H_0}(d_{1j})} \sim \chi_1^2 \text{分布} \tag{7.5}$$

に必要な標本サイズを考える.ここで,

$$E_{H_0}(d_{1j}) = n_{1j}\frac{d_j}{n_j} \tag{7.6}$$

$$\mathrm{Var}_{H_0}(d_{1j}) = \frac{n_j-n_{1j}}{n_j-1} n_{1j}\frac{d_j}{n_j}\left(1-\frac{d_j}{n_j}\right) \tag{7.7}$$

となる.さて,式 (7.3) を

$$\lambda_1(t) = \theta\lambda_0(t), \quad \text{ただし}, \theta = \exp(\beta) \tag{7.8}$$

とおいて考える.この θ はほぼ追跡が終了して評価が予定されている時間 t^* での (5年とか10年) での予想される生存率の比

$$\hat{\theta} = \frac{\log S_1(t^*)}{\log S_0(t^*)} \tag{7.9}$$

から見積もることができる.ここでは,統計量

$$T = \sum_{j=1}^m (d_{1j}-E_{H_0}(d_{1j})) = \sum_{j=1}^m \delta_j$$

を考えよう.各死亡時点 t_j での死亡数 d_j の対立仮説の下での期待値は

$$d_j = E_{H_1}(d_{1j}) + E_{H_1}(d_{2j}) = n_{1j}\theta\lambda_0(t_j)\Delta(t) + n_{0j}\lambda_0(t_j)\Delta(t)$$

となるので,
$$E_{H_1}(\delta_j) = n_{1j}\frac{\theta d_j}{\theta n_{1j} + n_{0j}} - n_{1j}\frac{d_j}{n_j} \qquad (7.10)$$

また, n_j が $(\theta n_{1j} + n_{0j})/\theta$ に対応することを考えて, 式 (7.7) より

$$\begin{aligned}\operatorname{Var}_{H_1}(\delta_j) &= \frac{n_{0j}}{\theta n_{1j} + n_{0j} - \theta} n_{1j}\frac{\theta d_j}{\theta n_{1j} + n_{0j}}\left(1 - \frac{\theta d_j}{\theta n_{1j} + n_{0j}}\right)\\ &= n_{0j}n_{1j}\frac{\theta d_j}{(\theta n_{1j} + n_{0j})^2}\end{aligned}$$

となる. ここで, 時間間隔を細かくとることによって $d_j = 1, j = 1, \cdots, m$, と仮定できるので, それぞれの時点でのリスク集合の比を

$$r_i = \frac{n_{1j}}{n_{0j}}$$

とすると

$$E_{H_1}(T) = \sum_{j=1}^{m}\left(\frac{\theta r_j}{\theta r_j + 1} - \frac{r_j}{r_j + 1}\right) \qquad (7.11)$$

$$\operatorname{Var}_{H_1}(T) = \sum_{j=1}^{m}\frac{\theta r_j}{(\theta r_j + 1)^2} \qquad (7.12)$$

$$\operatorname{Var}_{H_0}(T) = \sum_{j=1}^{m}\frac{\theta}{(\theta + 1)^2} \qquad (7.13)$$

となる. ところで, 無作為割付けで同数割りつけて追跡を行う条件下では, 治療効果に極めて大きな差がなければリスクセットの比は最初のうちはほぼ等しい $r_i = 1$ と仮定できる. このとき, 上式は, m が期待イベント数 e に等しいので

$$E_{H_1}(T) = e\left(\frac{\theta}{\theta + 1} - \frac{1}{2}\right) \qquad (7.14)$$

$$\operatorname{Var}_{H_1}(T) = e\frac{\theta}{(\theta + 1)^2} \qquad (7.15)$$

$$\operatorname{Var}_{H_0}(T) = \frac{e}{4} \qquad (7.16)$$

となる．したがって，式 (3.20) を利用すると，両群での期待死亡数の合計が

$$e = \left\{ \frac{\theta+1}{\theta-1} \left(z_{\alpha/2} + \frac{2Z_\beta\sqrt{\theta}}{\theta+1} \right) \right\}^2 \tag{7.17}$$

となる．さらに広い θ の範囲でほぼ $\sqrt{\theta}/(\theta+1) \approx 1$ と仮定できるので

$$e = \left(\frac{\theta+1}{\theta-1} \right)^2 (Z_{\alpha/2} + Z_\beta)^2 \tag{7.18}$$

と近似計算ができることになる (Freedman, 1982)．これから各群で必要な症例登録サイズ n （同数）は $e = n(1-S_1(t^*)) + n(1-S_0(t^*))$ の関係から

$$n = \frac{e}{2 - S_1(t^*) - S_0(t^*)} \tag{7.19}$$

となる．ここで，脱落率を $\omega\%$ と仮定すると，

$$n = \frac{e}{2 - S_1(t^*) - S_0(t^*)} \frac{1}{(1-\omega)} \tag{7.20}$$

となる．

参考文献

[1] 丹後俊郎: 『無作為化比較試験』, 朝倉書店, 2003.

[2] Freedman, L. S.: Tables of the number of patients required in clinical trials using the logrank test. *Statistics in Medicine*, 1, 121-130, 1982.

[3] Machin, D., Campbell, M., Fayers, P. and Pinol, A.: Sample size tables for clinical studies. *Blackwell Science*, 1997.

[4] Schoenfeld, D. A.: Sample-size formula for the proportional-hazards regression model. *Biometrics*, 39, 499-503, 1983.

[5] Johnson, M. E., Tolley, H. D., Bryson, M. C. and Goldman, A. S.: Co-variate analysis of survival data: A small-sample study of Cox's model. *Biometrics*, 38, 685-698, 1982.

[6] Amini, S. B. and Woolson, R. F.: Small-sample properties of

covariance-adjusted survivorship data tests for treatment effect. *Commun. Statist. Simula.*, 17, 1281-1306, 1988.

[7] Akazawa, K., Nakamura, T., Moriguchi, S., Shimada, M. and Nose, Y.: Simulation program for estimating statistical power of Cox's proportional hazards model assuming no specific distribution for the survival time. *Computer Methods and Programs in Biomedicine*, 35, 203-212, 1991.

[8] Bryson, M. C. and Johnson, M. E.: The incidence of monotone likelihood in the Cox model. *Technometrics*, 23, 381-383, 1981.

第8章 その他のトピックス

8.1 競合リスクモデル

　生存率解析では，イベントがいくつかの異なる原因により発生する事例がある．たとえば，死亡の場合，悪性腫瘍（がん），脳血管疾患，心疾患，その他の死因のうちいずれかである．このように，イベントに対していくつかの異なる原因を考えるとき，これらの原因のことを**競合リスク要因 (competing risks)** と呼ぶ (Hougaard [1])．

　悪性腫瘍による死亡が発生するまでの生存時間を確率変数T_A，脳血管疾患，心疾患，その他の死因による死亡が発生するまでの生存時間の確率変数をT_B, T_C, T_D とおく．競合リスクの別を問わず，どれかによる死亡をイベントと定義する生存時間解析を考える．このとき，ある症例が脳血管疾患で死亡したとすると，その症例についてはT_Bが観察される．一方，悪性腫瘍，心疾患，その他について死亡までの時間は観察されず，T_A, T_C, T_D は観察値$T_B = t_B$で**打ち切り**と考える．

　このような競合リスク要因が存在する生存時間解析について，以下では，複数の競合リスクが存在する条件下でのある特定のリスクに関するイベント無発生率の推定方法を説明する．

8.1.1　全リスク要因を対象としたイベント無発生率

　いま，m 個の競合リスクがあるとする．それらの競合リスクどれもが各症例で観察されうるものとし，それらの真の生存時間を$T_1, T_2, \ldots, T_m$ とする．フォローアップ中に最初に起こったイベント j が観察され，それが観察された生存時間を t_j とする．すなわち，その症例の生存時間データは，$T_j = \min\{T_1, T_2, \ldots, T_m\}$ にイベントが確認されたことになる．このよう

なデータの取り方をして, Kaplan-Meier 法でイベント無発生率 (Event Free Survival) の曲線を推定したものが, いわゆる, 「全イベントを対象とした Event free survival」の推定である. 臨床試験や疫学調査での「**全死亡に基づく生存率**」(**overall survival rate**) がこの例である.

8.1.2 特定のリスク要因に関するイベント無発生率 (cause-specific event free survival)

m 個の競合リスクのうち, j 番目のリスクに注目してそのイベント無発生率を Kaplan-Meier 法で推定することを考える. この場合, j 番目のイベントが発生する前に別のリスクのイベントが発生した場合には, その症例はそれが発生した時点で打ち切りとして扱う. ここで, その別のリスクのイベントは m 個の中で最初に起こったイベントである. このように, 特定のリスクに注目してそのイベントを扱うイベント無発生率の推定を **cause-specific event free survival** と呼ぶ.

m 個のリスクに対する Kaplan-Meier 法による cause-specific event free survival の推定値を $S_1, S_2, \ldots, S_m$ とすると, 全イベントを対象とした Event free survival $S(t)$ は

$$S(t) = S_1(t) \times \cdots \times S_m(t)$$

となる. ただし, これは, m 個のリスクが互いに独立であることを仮定している.

8.1.3 競合リスク要因の生存率推定の理論的背景

8.1.3.1 特定リスク要因に関するハザード関数と確率密度関数

生存時間 T は連続型の正値確率変数とする. 競合リスクが m 個の異なるタイプ $j = 1, 2, \ldots, m$ に分けられているとする.

時間 t における全死因を対象としたハザード関数は

$$\lambda(t; \boldsymbol{Z}) = \lim_{h \downarrow 0} \frac{P[t \leq T < t + h | T \geq t, \boldsymbol{Z}]}{h} \tag{8.1}$$

である.ただし,$t>0$ $\boldsymbol{Z}$ は共変量ベクトルである.一方,ある特定のリスクのイベントに対するハザードは

$$\lambda_j(t;\boldsymbol{Z}) = \lim_{h\downarrow 0}\frac{P[t\leq T<t+h, J=j|T\geq t,\boldsymbol{Z}]}{h} \tag{8.2}$$

ただし,$j=1,\ldots,m$ である.$\lambda_j(t;\boldsymbol{Z})$ は,$\boldsymbol{Z}$ が与えられたときのイベント j のハザードを表している.m 個のリスクのうち,時間 t においてどれか一つしか起こらないとすれば,全イベントを対象としたハザード関数は,

$$\lambda(t;\boldsymbol{Z}) = \sum_{j=1}^{m}\lambda_j(t;\boldsymbol{Z}) \tag{8.3}$$

と表される.全イベントを対象とした生存率は

$$F(t;\boldsymbol{Z}) = P(T>t|\boldsymbol{Z}) = \exp[-\int_0^t \lambda(u;\boldsymbol{Z})du] \tag{8.4}$$

イベント j に対する生存時間の密度関数は

$$\begin{aligned}f_j(t;\boldsymbol{Z}) &= \lim_{h\to 0}\frac{P(t\leq T<t+h, J=j|\boldsymbol{Z})}{h} \\ &= \lambda_j(t;\boldsymbol{Z})F(t;\boldsymbol{Z})\end{aligned} \tag{8.5}$$

であり,また,全イベントを対象とした生存時間の密度関数は

$$f(t;\boldsymbol{Z}) = \sum_{j=1}^{m}f_j(t;\boldsymbol{Z}) \tag{8.6}$$

である.尤度関数への各症例の寄与を考えると,打ち切り例では上式 (8.4) の生存率関数,死亡例については式 (8.5) の死因別密度関数がその寄与となる.最終的に,尤度関数は全症例についてのそれらの積で表される (Kalbflesch and Prentice [2]).

8.1.3.2 特定リスク要因に関する生存率の推定

生存時間データとして,n 例分

$$(t_i, \delta_i, j_i, Z_i) \quad \text{ただし,} \ i=1,\ldots,n$$

を考える. t_i は観測された生存時間, δ_i は打ち切り例か死亡例かを示す指示関数, j_i は j 番目のリスク, $\boldsymbol{Z}_i$ は共変量である. 独立なノンインフォーマティブ・センサリング・メカニズム (第 5 章 1〜3 節参照) の下で, (8.2) 式で定義したある特定のリスク要因のイベントに対するハザードを使って全尤度を書くと, (8.3), (8.4) より

$$L = \prod_{i=1}^{n} \{\lambda_{j_i}(t_i, \boldsymbol{Z}_i)^{\delta_i} F(t_i, \boldsymbol{Z}_i)\} \tag{8.7}$$

$$= \prod_{i=1}^{n} \left\{ [\lambda_{j_i}(t_i, \boldsymbol{Z}_i)]^{\delta_i} \prod_{j=1}^{m} \exp\left[-\int_0^{t_i} \lambda_j(u, \boldsymbol{Z}_i) du\right] \right\}$$

ここで,

$$F_j(t, \boldsymbol{Z}) = \exp\left[-\int_0^t \lambda_j(u, \boldsymbol{Z}) du\right]$$

とする. また, リスク j の死亡例数を k_j, それらの生存時間を $t_{j_1} < t_{j_2} < \cdots < t_{j_k}$, 競合リスク要因の添え字 0 は全生存時間データでの打ち切り例を表すとする. このとき, (8.7) 式は m 個のイベント別の尤度の積で表される (Kalbfleisch. D. and Prentice R. L.[2].)

$$L = L_1 \times \cdots \times L_m$$
$$= \left\{ \prod_{l=1}^{k_1} \lambda_1(t_{1l}, \boldsymbol{Z}_{1l}) \prod_{j=0}^{m} \prod_{l=1}^{k_j} F_1(t_{jl}, \boldsymbol{Z}_{lk}) \right\} \times \cdots \times \left\{ \prod_{l=1}^{k_m} \lambda_m(t_{ml}, \boldsymbol{Z}_{ml}) \prod_{j=0}^{m} \prod_{l=1}^{k_j} F_m(t_{jl}, \boldsymbol{Z}_{lk}) \right\}$$

この尤度から, イベント j に対するハザードはイベント j の項にしか含まれていない. したがって, イベント j の生存率の推定, もしくは, 回帰モデルのパラメータ推定を行う際には, j 以外の死因は打ち切り例を同様に扱われることを示している.

これらの準備の下で, Kaplan-Meier 法による特定のリスク要因についてのイベント無発生率の推定を考える. 以下の推定方法は第 3 章の付録 3.1 で示した方法と同じである. リスク j のイベントについて, 時間 t_{ji} において d_{ji} のイベントが発生したとすると, 尤度関数は以下となる.

$$L = \prod_{j=1}^{m} \left(\prod_{i=1}^{k_j} \{[F_j(t_{ji} - 0) - F_j(t_{ji})] \prod_{\substack{p=1 \\ k \neq j}}^{m} F_p(t_{ji})\}^{d_{ji}} \prod_{l=1}^{C_{ji}} F_j(t_{jil}) \right)$$

ただし, C_{ji} は t_{ji} と次の死亡が起こるまでに打ち切りとなった症例数である.

これより, n_{ji} を t_{ji} の直前でのリスク集合の個体数とすると

$$\hat{F}_j(t) = \prod_{\{i | t_{ji} \leq t\}} \left(\frac{n_{ji} - d_{ji}}{n_{ji}} \right)$$

タイがない場合,

$$\hat{F}(t) = \prod_{j=1}^{m} \hat{F}_j(t)$$

8.2 症例の不均一と検出力との関係

8.2.1 ログランク検定を適用する際の問題点

　医学研究の生存時間解析において, 2群以上の生存率曲線の差の検定は, 第4章で述べたログランク検定により行われる. ログランク検定には, 単純ログランク検定と層別ログランク検定がある. このうち, 単純ログランク検定は, 一つの予後因子, たとえば, 治療法（標準治療群と新治療群の2群）, リンパ節転移の有無, 臨床進行期などの群間で生存率曲線の差を検定する. 生存時間を評価尺度とする医学研究では, しばしば用いられる手法であり, 医学で最も有名な学術誌である New England Journal of Medicine や The Lancet などでも, ログランク検定の解析事例をよく目にする. 特に, Intention-to-treat analysis の考えに立つ臨床試験では, 確証的な治療効果判定のツールとしてログランク検定が使われている. しかしながら, いくつかの論文を注意深く読んでみると, 目標症例数1,000例以上で症例登録期間に目標症例数を集積し, ログランク検定を実施したが有意差が得られなかった, との報告もある. 試験前にログランク検定の症例数の算出は行っているはずであり, 有意差を得る確率のきわめて高い試験を実施したにもかかわらず, なぜ有意差を得ることが

できないのか？このことを統計学的観点から考えてみる必要がある．

本章では，結論として，「症例が不均一であるとき，単純ログランク検定の検出力は低下する」ということを述べてみたい．"症例が不均一である" (heterogeneity) とは，研究に登録される症例の年齢，性別，重症度などが同一でないことをいう．実は，ログランク検定は，症例が均一の場合，すなわち，生まれも育ちもそして現在までの生活環境もまったく同一な症例を2群に分け，治療法を変えた場合にのみ治療効果を検出できる検定法なのである．

実際のさまざまな臨床研究を考えた場合，動物実験とは異なり，症例の予後因子が同一となることはあり得ない．たとえば，臨床進行期 Ib, IIa および IIb の症例を対象とした子宮頸癌臨床試験でさえ，腫瘍長径やがんの他組織への転移などの異なる症例がそれぞれの治療群内に混在している．このように，臨床的特徴の違いにより生存予後の異なる症例が混在することを"**症例は不均一性である**"という（図 8.1）．**症例が不均一な場合，ログランク検定の検出力はその程度に依存して低下する**ことに注意しなければならない．新治療法が標準治療法に比べて5年生存率を10%高める延命効果が存在したとしても，症例が不均一である場合には，ログランク検定でその延命効果を立証できない（2群の生存率曲線に有意な差がない）ことが起こりうる（図 8.2）．また，層別無作為割付による層別ログランク検定を行う場合でも，層内での症例の不均一性が延命効果を立証しにくくする．

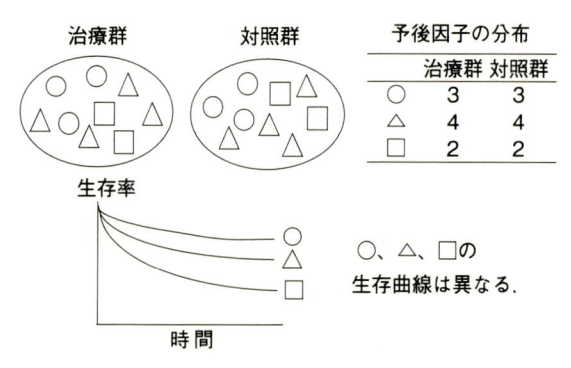

図 8.1　症例が不均一であることを示した図：
　　　　予後因子が均等でかつ症例が不均一である場合

8.2 症例の不均一と検出力との関係

均一な症例の RCT

```
臨床進行期 II
の症例 1000 例
    ↓
無作為化割付
  ↓     ↓
A群    B群
(500例) (500例)
  ↓     ↓
フォロー  フォロー
アップ   アップ
    ↓
治療効果判定
```

A 法は B 法に比べて有意な
延命効果がある (p < 0.05).

不均一な症例の RCT

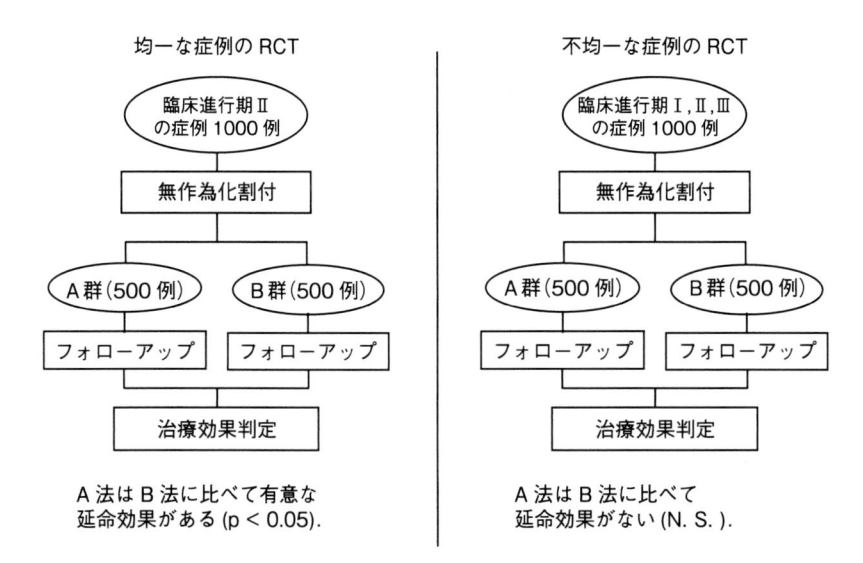

```
臨床進行期 I, II, III
の症例 1000 例
    ↓
無作為化割付
  ↓     ↓
A群    B群
(500例) (500例)
  ↓     ↓
フォロー  フォロー
アップ   アップ
    ↓
治療効果判定
```

A 法は B 法に比べて
延命効果がない (N.S.).

図 8.2 同じ目的で実施された RCT でも，不均一な症例での RCT では治療効果を立証できない例（右図）．

　この問題に対して研究者ができることは，症例の不均一の程度をできるだけ小さくする，すなわち，適格条件を厳しくしてその条件を満たす症例群だけで解析することだろう．ところが，**適格条件を厳しくするとその条件を満たす症例が少なくなり，症例数不足による検出力低下を引き起こしてしまう**．適度に均一化された症例群で検出力の低下をできるだけ抑えるような統計解析上のストラテジーが必要となる．このストラテジーの議論が，本章のもう一つの目的である．

　もう一つの注意すべき点は，比較する複数の群で予後因子の人数分布が異なると**検定のサイズ**を大きくしてしまうことである．臨床試験の治療効果判定やその他の生存率解析において，**群間での予後因子の人数分布の比較をカイ 2 乗検定や t-検定で行い，有意差がないことをもって，「予後因子の人数分布は治療群間で異ならない」と結論づけている論文があるが，この結論づけは正しいとはいえない**．予後因子の分布に有意差がないからといって，それを無視して 2 群の生存率曲線の有意差検定を行うと，本当は差がないものを

検定の結果誤って有意差ありと結論づける危険性が高まる．予後因子の人数分布が治療群間で異なる場合には，たとえ，有意差ありの検定結果が得られたとしても，その有意差が治療法の違いによるものか，あるいは，予後因子の違いによるものかを判断できないことになる．この問題についてもこの章で議論する．

8.2.2 症例の不均一性のログランク検定の検出力に与える影響について

前節で説明したように，ログランク検定は症例が均一であることを仮定している (Freedman [3], Schumacher et al.[4])．実際の臨床研究等では，検出力の算出に Freedman の公式が用いられるが，この公式を導出する際にも症例が均一であることを仮定している (Schumacher et al.[4])．ところが，実際の臨床研究で集められる症例は，遺伝素因や後天的要因が同一であるということはなく，したがって症例は均一ではない．

この症例の不均一性が臨床試験における薬効評価などに影響を与えることが多くの研究より明らかにされてきた．特に，以下の3点が重要である．

1) 生存予後に影響を与える予後因子の分布が群間でわずかに異なっていても，薬効評価に重大な誤りを与えうる (Byar [5], Altman [6], Senn [7], Sather [8])．
2) 群間に同等に分布している予後因子であっても，不均一性の存在を無視すると薬効の差の統計的検出力を著しく低下させる (Struther and Kalbfleisch [9], Lagakos and Schoenfeld [10])．
3) 回帰モデルが解析データにうまく適合していないと，検出力が低下するばかりでなく，誤った結果を導く可能性がある (Lagakos [11])．

8.2.2.1 層別ログランク検定の統計的検出力低下の要因

均一な症例を層別して層別ログランク検定を適用すると，層別なしのログランク検定よりも検出力が低下することは経験的に知られている．この"**層別により層の数が増える（層内の標本数が減る）ほど検出力が低下する**"という現象は数学的にも証明されている (Akazawa et al.[12])

次に，層内で症例は不均一であるが予後因子が全ての群で同等に分布しているとする．この場合，予後因子の不均一性を無視して治療効果の差を検定すると，検出力は均一症例の場合より低下することが知られている．

以上の知見により，層別ログランク検定の検出力の低下は，二つの場合がある．<u>多数の予後因子で層別をしすぎたために層内標本数が過少になる場合と，層別が足りなくて層内の症例が均一とならない場合</u>である．

8.2.2.2 検出力低下の定量的計測

症例の不均一がログランク検定の検出力をどれくらい低下させるのかをモンテカルロシミュレーションにより調べてみよう．ここで，**検出力**とは，これまでに何度か定義したように，新治療法が標準治療法に比べて本当に延命効果がある場合に，ログランク検定によってその効果を立証できる確率のことである．検出力は，症例数や回帰モデルの適合度などに依存することは知られていたが，臨床研究ではごく当たり前と考えられてきた症例の不均一もログランク検定の検出力を低下させる一因となることを以下で確かめる．

比較する群は2群で，症例数は治療群200例，対照群200例とする．その延命効果は比例ハザードに従って生存率を高めるものと仮定する．ここでは，治療群の対照群に対する予後指数の値は -0.305，すなわち，ある時点において対照群の生存率50%を治療群の生存率60%に上乗せする延命効果を仮定する．観察期間中での追跡不能症例はないとする．症例の不均一度は**予後指数**（6.1.2参照）のレンジ（範囲）で表す．すなわち，予後因子Zをもつ症例の時間tにおけるハザードが比例ハザードモデル

$$\lambda(t:Z) = \lambda_0(t)\exp(Z\beta)$$

で表される場合，各因子Zの不均一度は

$$\beta\{\max(Z)\text{-}\min(Z)\}$$

と定義される．生存時間は予後指数と一様乱数を指数関数に代入することにより算出した．生存時間の短い320例を死亡例として残り80例を打切り例とした（タイプIIセンサリング（5.2.2参照））．検出力は，上述の方法で発生さ

表 8.1 単純ログランク検定および層別ログランク検定の検出力：標本数は各群 200 ずつで死亡数は 320, 薬効は標準治療群 50%の生存率を新治療群 60%に上昇させることを仮定している．症例が均一ならば，検出力は 77.8%である．層内の標本は均一を仮定している．

層の数	ハザードの対数値	ログランク検定の検出力	
		単純ログランク検定	層別ログランク検定
1	0	77.8	-
2	0,0.5	76.7	78.0
2	0,1	66.8	78.2
2	0,2	36.5	78.0
4	0,1,2,3	35.3	77.2
8	0,0.5,⋯,3.5	33.2	76.8
16	0,0.3,⋯,4.5	21.4	75.2
32	0,0.2,⋯,6.2	8.1	72.2

せた無作為化臨床試験データ 2,000 回のうち，ログランク検定の結果，治療群の延命効果を有意水準 5%で検出できた回数の割合で示す．

表 8.1 は不均一度を変えて単純ログランク検定の検出力低下の大きさを推定した結果である．シミュレーションの結果から，層の数が同じでも層間の予後指数の違い（不均一の程度）を大きくした場合は，また，層の数を増やして不均一度を高めるにつれて，単純ログランク検定の検出力は著しく低下する．胃癌での無作為化臨床試験における症例の不均一度は約 4 なので，検出力は 30%前後まで低下していると推測される (Akazawa et al.[12])．この結果から，不均一な症例を含む無作為化臨床試験の治療効果判定において，単純ログランク検定を用いるべきでないことがわかる．一方，層別ログランク検定では 5%程度の低下にとどまっている．

層別ログランク検定の検出力低下の原因は前節で述べたように二つある．多数の予後因子で層別をしすぎたために層内標本数が過少になる場合と，層別が足りなくて層内の症例が均一とならない場合である．層別を細かくすると層内の不均一の程度は減少するが，層内標本数も減少する．そこで，層内不均一度と層内標本数が検出力に与える影響をシミュレーションで調べた（表 8.2）．表 8.2 の検出力の低下とは推定された検出力から均一な症例に対する

表 8.2 層内の不均一度と層内標本数が層別ログランク検定の検出力に与える影響：標本数と薬効は表 8.1 と同じとする．各群の i 番の症例の対数ハザードは $0.025(i-1)$, $i=1,\ldots,200$, とした．

層の数	層内標本数	層内での対数ハザード値の範囲	検出力	検出力の低下
100	4	0.025	62.1	-15.7
50	8	0.075	69.1	-8.7
40	10	0.100	69.8	-8.0
25	16	0.175	72.7	-5.1
20	20	0.225	73.0	-4.8
10	40	0.475	73.7	-4.1
8	50	0.600	74.5	-3.3
5	80	0.975	72.5	-5.3
4	100	1.225	69.9	-7.9
2	200	2.475	56.8	-21.0

ログランク検定の検出力 77.8%を引いた値である．

シミュレーションの結果，層内での対数ハザードの範囲が 1.2 を超えるとき，または，層内標本数が 10 例以下のときには検出力の低下が著しいことがわかった．

8.2.3 折れ線 Cox 回帰法

層別ログランク検定の検出力を低下させる要因は，「過多の層別による層内標本数の不足」と「層内の症例の不均一」であった．この問題を同時に解決する方法として，折れ線ハザードモデルによる Cox 回帰法を提唱する．

8.2.3.1 折れ線ハザードモデル

Cox の比例ハザードモデルにおいて，予後指数が線形関数

$z\beta = z_1\beta_1 + \cdots + z_s\beta_s$　　ここで，$z_j(j=1,\cdots,s)$ は予後因子，

で与えられるハザードモデルのことを線形ハザードモデルといい，

$$\lambda(t|z) = \lambda_0(t)\exp(z\beta) \tag{8.2.1}$$

で表わす.臨床研究の論文で用いられる比例ハザードモデルは,ほとんどがこの線形ハザードモデルである.このモデルは次に述べる条件を仮定している.

説明を簡略化するために,予後因子ベクトル z が臨床進行期のみの場合を考える.この臨床進行期は4個のカテゴリーI, II, III, IVをもつとする.通常の解析では,臨床進行期が患者の生存予後にどの程度影響しているのかを推定し,有意な影響か否かを有意差検定で検定する.そのためには,まず,これら四つのコードを統計解析ソフトウェアで解析しやすいように数値に変換する.I期, II期, III期, IV期に対して,三つのダミー変数を用意してCox解析を行う場合には問題が少ないかもしれない.一方,いくつかの臨床研究論文に見られるように,これらの4カテゴリーに順序カテゴリー0, 1, 2, 3を割り当て,比例ハザードモデル (8.2.1) で解析する場合には,次のような比例ハザード性の条件が満たされていなければならない;I期に対するII期のハザード比は,$\lambda(t|z=1)/\lambda(t|z=0) = \exp(\beta)$ である.同様に,II期に対するIII期のハザード比,III期に対するIV期のハザード比も $\exp(\beta)$ となる,すなわちハザード比は,それぞれのカテゴリーの間ですべて等しいことを仮定している.

比例ハザードモデル (8.2.1) は,1個の共変量 $z = 0, 1, 2, 3$ とそれに対応する1個の回帰係数 β で表されており,3個のダミー変数とそれに対応する3個の回帰係数のモデルに比べて単純化され解釈しやすいように見える.ところが,実際の生存時間解析において,一つの共変量の3個以上のカテゴリー間でとなりのカテゴリーとのハザード比がすべて等しくなるという保証はない.むしろ,経験的には異なる場合の方が多い.たとえば,ある胃癌患者を対象とした臨床試験において,臨床進行期のカテゴリー間のハザード比を推定すると,

$$\frac{\lambda(t|z=1)}{\lambda(t|z=0)} = 2.97 \ , \frac{\lambda(t|z=2)}{\lambda(t|z=1)} = 1.73 \ , \frac{\lambda(t|z=3)}{\lambda(t|z=2)} = 1.90$$

となり,かなり異なっていることがわかる (Akazawa et al.[12]).

このように,順序データとハザード比が線形関係がないとき,誤って線形ハザードモデルをあてはめて解析すると,薬効評価や予後因子解析を正しく行うことができない(表8.3の対数ハザードがConvex, Concaveのときの線形ハザードモデルにおける治療効果の推定値).これらの結果より,データによ

表 8.3 線形ハザード (L), 二次関数型ハザード (Q), 折れ線ハザード (PL) の各モデルによる Cox 回帰法の検出力：治療効果は表 8.1 と同じ. 4 層の対数ハザードとして Linear={0,1,2,3}, Convex={0,0.5,1,3}, Concave={0,2,2.5,3}, S-shape={0,0.5,2.5,3}, Stage={0,1.1,1.6,2.2}, Borrmann={0,1.4,2,2.7} の 6 種類を仮定した.

対数ハザード	ハザードモデル	検出力	治療効果の推定値	推定回帰係数の平均値 (SD)		
				β_1	β_2	β_3
Linear	L	78.2	−0.307 (0.115)	1.005 (0.067)		
	PL	78.2	−0.308 (0.115)	1.007 (0.194)	0.001 (0.291)*	0.004 (0.254)*
Convex	L	71.8	−0.283 (0.112)	0.905 (0.063)		
	Q	77.6	−0.303 (0.115)	−0.258 (0.189)	1.198 (0.182)	
	PL	78.1	−0.307 (0.116)	0.507 (0.180)	−0.006 (0.289)*	1.518 (0.272)
Concave	L	73.8	−0.291 (0.109)	0.822 (0.059)		
	Q	77.2	−0.305 (0.114)	1.890 (0.220)	−0.976 (0.188)	
	PL	78.3	−0.309 (0.114)	2.011 (0.216)	−1.507 (0.293)	0.003 (0.249)*
S-shape	L	73.2	−0.285 (0.110)	1.052 (0.065)		
	Q	72.9	−0.285 (0.110)	1.174 (0.202)	−0.108 (0.177)*	
	PL	77.8	−0.307 (0.116)	0.506 (0.187)	1.510 (0.309)	−1.510 (0.269)
Stage	L	78.0	−0.304 (0.113)	0.685 (0.059)		
	Q	78.3	−0.307 (0.115)	1.035 (0.202)	−0.329 (0.179)	
	PL	78.7	−0.308 (0.115)	1.110 (0.190)	−0.607 (0.284)	0.105 (0.256)*
Borrwan	L	72.2	−0.295 (0.116)	0.842 (0.067)		
	Q	76.8	−0.305 (0.113)	1.315 (0.206)	−0.455 (0.180)	
	PL	78.5	−0.308 (0.115)	1.411 (0.199)	−0.808 (0.287)	0.105 (0.253)*

* SD が平均値より大きいので, ほとんどの場合に有意でなかったことが示唆される.

く適合する柔軟性のあるハザードモデル（予後指数部分の関数）を見いださなければならない (Lagakos [11]).

　非線形ハザードモデルを用いるべきことはわかったとしても，最適なモデルを発見することは容易ではない．たとえば，スプライン (spline) モデルも提唱されているが，予後因子は一つしか扱えず，関数型が多項式に限られるので応用範囲も限定される．また，ダミー変数，たとえば，一つの値に対し，その値に対して1となりそれ以外のときは0，を用いる方法もあるが，カテゴリー間で大きなハザードの変動がないときでも各ダミー変数のパラメータの推定を行わなければならず，最良の方法とは言えない．

　そこで，臨床進行期などの順序変数に最適な非線形ハザードモデルとして**折れ線ハザードモデル (piecewise linear hazards model)** を紹介する．このモデルを用いれば，I期に対するII期のハザード比はII期に対するIII期のそれより著しく大きいことも，解析の中で自動的に発見しそれに適したモデルを構成する．前述した臨床進行期のように，0,1,2,3 の順序データの予後因子を z と表す．このとき，z に関する折れ線ハザードモデルは

$$予後指数部分 = \beta_1 z + \beta_2 \{z-1\} + \beta_3 \{z-2\}.$$

ただし $\beta_i(i=1,2,3)$ は回帰係数，

$$\{z-j\} = \mathrm{Max}\{0, z-j\} = ((z-j)+|z-j|)/2, \ (j=1,2).$$

$\{z-j\}$ は折れ線関数と呼ばれ z の値が 1,2 のところで傾き 1 で折れ曲がる関数である．線形ハザードモデルでは，予後指数部分は $z\beta$ だけであったが，折れ線ハザードモデルでは $z = 0,1,2$ で折れ曲がる関数 $\beta_1 z$, $\beta_2\{z-1\}$, $\beta_3\{z-2\}$ が用意される．図 8.3 は，生存時間データにおける予後指数の変化が，折れ線関数によってどう近似されるのかを示したものである．予後指数の変化を示した左の図で，$z=1$ から $z=2$ の急勾配で変化する直線の傾きは，折れ線関数の傾き β_2 である．左の図の $z=2$ から $z=3$ への直線の傾きは，右の図で $\beta_2 + \beta_3$ が対応する．このように，二つの折れ線関数を組み合わせれば，4個のカテゴリーをもつ予後因子の予後指数の変化は柔軟に近似できる．

　ここで問題となるのは，4個のカテゴリーに対して三つの折れ線関数が必要

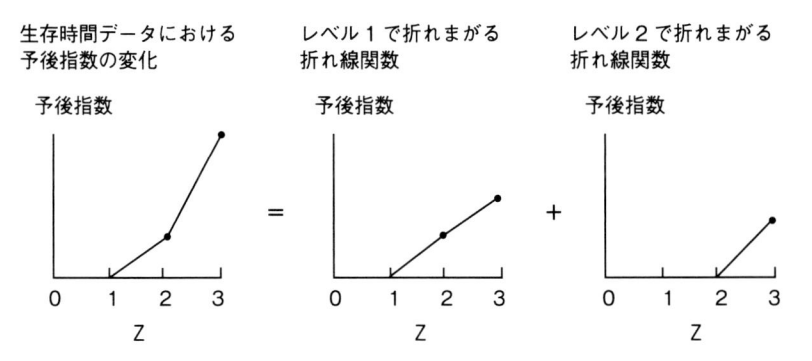

8.2 症例の不均一と検出力との関係

図 8.3 折れ線ハザードモデルによる予後指数の変化の記述

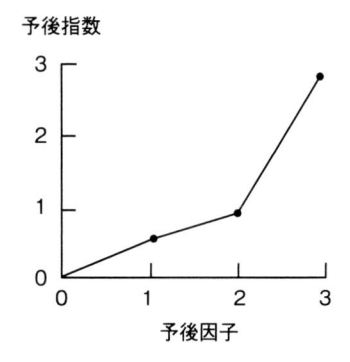

図 8.4 予後因子のカテゴリーに対する予後指数の変化

かということである．臨床研究では，生存時間に影響を与えうる予後因子は多数用意される．その中で，たとえば，連続変数である年齢を 10 歳きざみでカテゴリー化すると，5～8 個くらいの折れ線関数が必要となる．すべての予後因子に対して折れ線関数をすべて用意していくと，ハザードモデルに入れる変数は数十から数百個にもなる．その中には，生存時間の長短に影響を与えない変数も含まれている．たとえば，図 8.4 の場合，$z=2$ の $z=1$ に対するハザード比は，$z=1$ の $z=0$ に対するハザード比と等しい．したがって，図 8.4 の生存時間モデルは $z=1$ での折曲点は不要となるので

$$\lambda(t|z) = \lambda_0(t)\exp(\beta_1 z + \beta_2\{z-1\} + \beta_3\{z-2\}) \tag{8.2.2}$$

ではなく，
$$\lambda(t|z) = \lambda_0(t)\exp(\beta_1 z + \beta_3\{z-2\}) \quad (8.2.3)$$
とするべきである．モデル (8.2.2) のように，不必要な変数 $\beta_2\{z-1\}$ をモデルに入れることは，延命効果や注目する因子の生存時間への影響を正しく推定できなくする可能性がある．したがって，これらの変数をある統計量に基づいてモデルから除外すべきである．

変数除去の統計的手法として回帰分析で用いられる変数選択法 (Stepwise regression method) を採用する．多数の折れ線関数を候補因子とする変数選択法により，データに適合するハザードモデルを構成する手法のことを**折れ線 Cox 回帰法 (piecewise linear Cox regression method)** と呼ぶ（赤澤 [13]）．折れ線 Cox 回帰法の一般的な手順を以下に示すが，図 8.4 の例でモデル (8.2.3) を構成する具体的な方法を各手順下のカッコ内に示した．これは，SAS, BMDP, SPSS などの市販の統計ソフトでも容易に実行できる．

手順 1. 各因子のカテゴリーごとに折れ線関数を定義する．（k 個のカテゴリーに対して，$(k-1)$ 個の折れ線関数, $z, \{z-1\}, \{z-2\}$ が定義される．）

手順 2. Cox 回帰分析の変数選択法により，有意な折れ線関数（変数）を選択する．（帰無仮説 $H_0^1 : \beta_1 = 0$ を尤度比検定で検定する．H_0^1 が棄却され折れ線関数 z は有意な変数として選択される．次に，z がモデルに入ったという条件の下で，帰無仮説 $H_0^2 : \beta_2 = 0$ の複合仮説検定を行う．H_0^2 は棄却されないので，$\{z-1\}$ はモデルに入れない．z だけがモデルに入ったという条件の下で，帰無仮説 $H_0^3 : \beta_3 = 0$ の複合仮説検定を行う．H_0^3 は棄却され $\{z-2\}$ は有意な変数としてモデルに入れられる．）

手順 3. 選ばれた変数の相互作用変数を追加して，再び変数選択法を用いて有意な 2 次の交互作用変数を追加する．

折れ線 Cox 回帰法は，任意の非線形関数を必要最小限の変数（折れ線関数）の組み合わせによって近似できるという点にうまさがある (Nakamura et al.[14]). 折れ線 Cox 回帰法の適用により，症例の不均一性により正しい薬効評価ができないという問題も解消される．

8.3 予後因子の不均等のログランク検定のサイズへの影響について

8.3.1 予後因子の不均等がログランク検定に与える影響

優れた治療法の開発実用化を効率よく推進するためには，正確に臨床効果を判定できる臨床試験が必要である．臨床試験における統計的方法論をさらに向上させるために，ICH Steering Committee はガイドラインを提唱し，日米欧で薬効評価法を統一している．洗練されたガイドラインを作成し質の高い臨床試験を実施するためには，これまでに行われてきた臨床試験の問題点と原因を明らかにしてその解決方法を探索する必要がある．

生存時間をエンドポイントとする層別ログランク検定の検出力は，層内の症例が不均一な場合に低下する．前節では，その検出力低下の理論的な根拠を明らかにし，実際の臨床試験でも症例の不均一のために検出力が低下していることを述べた．本節では，層内での既知予後因子の**不均等**，すなわち，治療群と対照群とで既知予後因子の分布が等しくないこと **(baseline imbalance)** が層別ログランク検定のサイズに与える影響を解説する (Kinukawa et al.[15])．

臨床試験における治療効果判定は，一般にサイズが 0.05 となるように棄却域が設定される．ところが，予後因子分布に不均等が生じると，サイズが 0.05 より大きくなり，治療効果がないにもかかわらず治療効果ありと誤って判定してしまう確率が 5% より大きくなる．臨床試験において妥当な治療効果判定をいかに行えばよいかを考える際に，サイズの計量的評価は重要である．本章では，予後指数の分布が母集団 $N(\mu, \sigma^2)$ に従う症例を対照群と治療群に無作為割付した時の群間不均等を検討の対象とした．層別ログランク検定のサイズをモンテカルロ法シミュレーションにより推定した結果，群間で不均等が生じると名目上 5% に設定した有意水準が実際にはもっと大きなサイズとなること，また，症例数を増やせば，2 群のハザード比は 1 に近づくが，サイズの増加を防ぐことはできない．

8.3.2 不均等度・不均一度の定義

群間での予後因子の不均等性が層別ログランク検定のサイズに与える影響を考察する前に，既知予後因子の不均等ならびに症例の不均一の程度を定義する．生存時間モデルとして以下の比例ハザードモデルを仮定する．

$$\lambda(t|PIi) = \lambda_0(t)\exp(PIi)$$

ただし，PIi は症例 i の予後因子情報を集約した**予後指数** (Prognostic Index) で $N(\mu, \sigma^2)$ に従うとする．$\lambda(t:PI_i)$ は PIi が与えられた下での時間 t におけるハザード，$\lambda_0(t)$ はベースラインハザード関数とする．無作為抽出された症例が治療群，対照群の 2 群に N 例ずつ割り付けられたときの治療群，対照群のハザード和を H_T, H_C で表す．このとき，**不均等度**を

$$V = \frac{H_T - H_C}{H_T + H_C},$$

不均一度を $\hat{\sigma}$ で定義する．ハザード比は V を使って $H_C/H_T = (1-V)/(1+V)$ と表される．

8.3.3 不均等度 V の分布

予後指数 PI_i は正規分布に従う母集団からの無作為抽出と仮定する．このような仮定の下で，実際に起こりうる不均等はどの程度か，を計量的に考察する．

$N(2, 0.8^2)$ の母集団から，1 群 200 例，合計 400 例を無作為抽出し不均等度 V を計算する，という操作を 4,000 回繰り返して行い V の分布を求めた（図 8.5）．4,000 個の V の平均値は 0.001，標準偏差は 0.047 であった．このシミュレーション結果とは別に，漸近理論により V の分布を求めることもできる．すなわち，

$$V \sim N(0, Q^{-2}),$$

ただし，

$$Q = \sqrt{2N/(\exp(\sigma^2) - 1)}$$

を得る．この公式により漸近標準偏差の値 Q^{-1} を計算すると 0.047 であり，シ

8.3 予後因子の不均等のログランク検定のサイズへの影響について 139

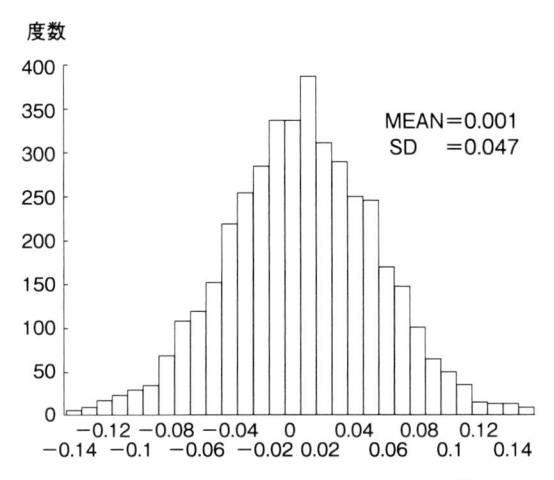

図 8.5 症例数が 400, 不均一度が 0.8 の場合の不均等度 "V" の分布

ミュレーションによる標準偏差の推定値は理論値と一致することが示された. また, VQ は, 標本化された**不均等指数 (standardized imbalanced index)** と呼ばれる (Nakamura et al.[14]).

実際の臨床試験において, V はどの程度の値をとりうるかを調べてみた. 組織学的漿膜浸潤 (ps) とリンパ節転移 (n) の有無により層別化割つけを行った約 1,300 例の胃癌臨床試験において, 各層での V ならびに Q^{-1} を計算し V の Q^{-1} に対する倍率を求めた. その結果, n(−)ps(−), n(−)ps(+), n(+)ps(−), n(+)ps(+) の 4 層における倍率は, それぞれ, 1.38, 0.67, 1.71, 0.467 であった.

8.3.4 不均等度がログランク検定のサイズに与える影響

症例数や不均等度が変化したときのログランク検定のサイズをモンテカルロシミュレーションにより推定する.

PI は $N(\mu, \sigma^2)$ に従うとして, PI をもつ症例が無作為に治療群と対照群に, それぞれ n 例ずつ割り付けられるとする. このとき, 以下の手順で, 不均等とログランク検定のサイズの関係をシミュレーションする.

1. 治療群と対照群において, n 例の PI から H_T, H_C を計算し, 不均等度 V を計算する.

2. ハザード $\exp(PI)$ の指数分布から, 生存時間
$$T = \log(\text{unif})/\exp(PI)$$
ただし, unif は一様乱数

   を各症例に対して求める.

3. タイプIIセンサリング (5.2.2 参照) により, 死亡例と打ち切り例を決める. ここでは, 全症例の 80% を死亡例として, 残りを打ち切り例とする.

4. ログランク検定を行い, p 値を求める.

5. 上述の 1〜4 の操作を 50,000 回行い, サイズを推定する.

$n = 100, 200, 300$ としたときの結果を表 8.4 に示す. サンプルサイズを変化させたときのハザード比やサイズの動きは, $n = 100, 200, 300$ で同じである. 表 8.4 より次のことがわかる.

(1) サイズは, 標準化された不均等指数 VQ が大きくなるほど有意水準 5% より大きくなる.

(2) ハザード比は, サンプルサイズの増加とともに 1 に近づく. 一方, サイズは, サンプルサイズには影響されない.

表 8.4 症例数, 不均等別のログランク検定のサイズ

σ	n	死亡例数	Q^{-1}	VQ	ハザード比	頻度 (%)	p< 0.05	サイズ (%)
0.8	100	160	0.06695	<1.0	0.87	34504(69)	1248	(3.6)
				>1.0	0.86	15496(31)	1249	(8.1)
				>1.2	0.85	11226(23)	1039	(9.3)
				>1.3	0.84	9389(19)	912	(9.7)
				>1.4	0.83	7807(16)	810	(10.5)
				>1.5	0.82	6653(13)	705	(11.1)
0.8	200	320	0.06695	<1.0	0.91	34109(68)	1253	(3.7)
				>1.0	0.90	15891(32)	1298	(8.2)
				>1.2	0.89	11442(23)	1042	(9.1)
				>1.3	0.88	9574(19)	940	(9.8)
				>1.4	0.88	8046(16)	826	(10.3)
				>1.5	0.87	6573(13)	722	(11.3)
0.8	300	480	0.06695	<1.0	0.93	34102(68)	1286	(3.8)
				>1.0	0.92	15898(32)	1311	(8.3)
				>1.2	0.91	11511(23)	1058	(9.2)
				>1.3	0.90	9676(19)	940	(9.7)
				>1.4	0.90	8043(16)	843	(10.5)
				>1.5	0.89	6642(13)	740	(11.1)

参考文献

[1] Hougaard, P.: *Analysis of multivariate survival data.* Springer, New York, 2000.

[2] Kalbfleisch, J. D. and Prentice, R. L.: *The Statistical Analysis of Failure Time Data*, Wiley, New York, 1980.

[3] Freedman, L. S.: Tables of the number of patients required in clinical trials using the logrank test. *Statistics in Medicine*, 1, 121-130, 1982.

[4] Schumacher, M., Olshewski, M. and Schmoor, C.: The impact of heterogeneity on the comparison of survival times. *Statistics in Medicine*, 6, 773-784, 1987.

[5] Byar, D.: Identification of prognostic factors. *Cancer Clinical Trials-Methods and Practice*, Buyse, M. E., Staquet, M. J. and Sylvester, R. J. (eds.), Oxford University Press, Oxford, 423-443, 1984.

[6] Altman, D. G.: Comparability of randomized groups. *The Statistician*, 34, 125-136, 1985.

[7] Senn, S. J.: Covariate imbalance and random allocation in clinical trials. *Statistics in Medicine*, 8, 467-475, 1989.

[8] Sather, H. N.: The use of prognostic factors in clinical trials. *Cancer*, 58, 461-467, 1986.

[9] Struthers, C. A. and Kalbfleisch, J. D.: Misspecified proportional hazards models. *Biometrika*, 73, 363-369 (1986).

[10] Lagakos, S. W. and Schoenfeld, D. A.: Properties of proportional-hazards score tests under misspecified regression models 1. *Biometrics*, 40, 1037-1048, 1984.

[11] Lagakos, S. W.: The loss in efficiency from misspecifying covariates in proportional hazards regression models. *Biometrika*, 75, 156-160, 1988.

[12] Akazawa, K., Nakamura, T. and Palesch, Y.: Power of logrank test and Cox regression model in clinical trials with heterogeneous samples. *Statistics in Medicine*, 16, 583-597, 1997.

[13] 赤澤宏平: 生存時間解析と治療効果判定. 柳川堯 編『統計科学の最前線』, 九大出版会, 2003, p.17-28.

[14] Nakamura, T., Akazawa, K., Kinukawa, N., Nose, Y.: Piecewise linear Cox model for estimating relative risks adjusting for the heterogeneity of the sample. *Statistics for the Environment 4*, Barnet, V., Stain, A. and Turlma, K. F. (eds), Wiley, New York, 281-289, 1999.

[15] Kinukawa, N., Nakamura, T., Akazawa, K. and Nose, Y.: The impact of covariate imbalance on the size of the log-rank test in randomized clinical trials. *Statistics in Medicine*, 19, 1995-1967, 2000.

第9章 イベントヒストリー解析

　生存時間解析は，観察開始時点から目標事象発生までの時間を解析の対象としているが，観察開始から目標事象発生までの途中において様々なイベントが発生し，しかもその時間が記録されることがある．たとえば，図 9.1 に見られるように，乳がん手術では手術のあと局所的再発（患部の近辺に再発）して死亡する場合，局所的再発のあと他臓器へ転移して死亡となる場合，あるいは再発・転移がともに起こらなくて死亡となる場合がある．このようなとき，単に死亡までの時間を生存時間解析するのではなく，局所再発など途中に生じる様々なイベントまでの時間を考慮して解析を行うほうが良い．このようなデータの解析は**イベントヒストリー解析 (event history analysis)** と呼ばれている．本章では，イベントヒストリー解析の考え方と方法について述べる．

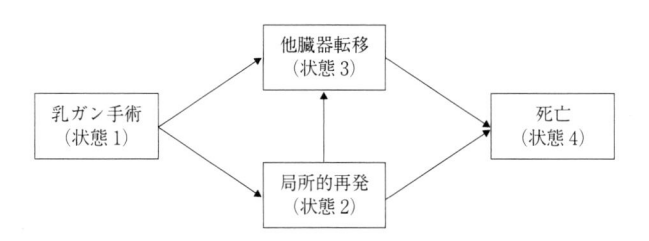

図 9.1　乳がん手術後のイベントヒストリー

9.1　イベントヒストリー解析とは何か

　例 9.1 を対象にして，イベントヒストリー解析の概要と目的，および定式化

について述べる.なお,この例はプッタ等 (Putter H., Fiocco M. and Geskus R.B.: *Statistics in Medicine 2007*, 26, 2389-2430) から引用した.また,次章でこの例のデータ解析を与えるが,使用したデータおよび解析ソフトもまたプッタ等の論文で使用されたものをインターネットでダウンロードして使用したことを断っておきたい.

> **例 9.1（骨髄移植）** 図 9.2 に示されたように,骨髄移植は,移植後再発又は死亡に至る場合と,血小板が正常に戻り,再発又は死亡に至る場合がある.プッタ等は,欧州造血細胞移植登録 (European Blood and Marrow Trabsplant Registry) に登録された症例のうち,1995〜1998 年に骨髄移植を受け,表 9.1 に記述された予後因子のすべてについて完全な情報をもつ 2204 症例についてイベントヒストリー解析を行っている.
> 研究の目的は,(1)「骨髄移植」→「血小板正常」の推移に関連性をもつ予後因子の特定,およびその影響の評価,(2)「骨髄移植」→「再発又は死亡」の推移に関連性をもつ予後因子の特定,およびその影響の評価,および (3)「血小板正常」→「再発又は死亡」の推移に関連性をもつ予後因子の特定,およびその影響の評価を行うことであった.

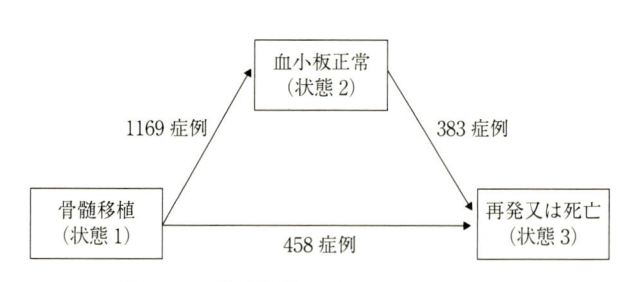

図 9.2 骨髄移植のイベントヒストリー

表 9.1　骨髄移植：全症例の予後因子

予後因子		n	(%)
疾病分類	急性骨髄性白血病	853	(39)
	急性リンパ球性白血病	447	(20)
	慢性骨髄性白血病	904	(41)
ドナー vs. 受信者	性のミスマッチなし	1648	(75)
	性のミスマッチあり	558	(25)
GvHD 予防	T セル削除なし	1928	(87)
	T セル削除あり	276	(13)
移植時の年齢	≤ 20	419	(19)
	$> 20\ \&\ \leq 40$	1057	(48)
	> 40	728	(33)

9.2　定式化

例 9.1 を対象にして，まず始めに予後因子を無視して定式化を行い，次に予後因子を考慮する．

状態 (state)　図 9.2 には三つの状態，すなわち「骨髄移植」，「血小板正常」と「再発又は死亡」がある．「骨髄移植」を状態 1，「血小板正常」を状態 2，「再発又は死亡」を状態 3 と名づける．特に，状態 1 を **初期状態 (initial state)** という．状態 1, 2, 3 の集合 $S=\{1,2,3\}$ のことを **状態空間 (state space)** という．図 9.2 は，1169 症例が状態 1 から状態 2 に推移し，458 症例が状態 1 から状態 3 へ推移している様子を表している．2204−(1169+458)=577 症例はどちらへの推移も起こっていない（打ち切り例）．また，383 症例が状態 2 から状態 3 に推移し，1169−383=786 例が観察終了時点までに「再発又は死亡」となっていない（打ち切り例）ことを示している．

確率過程 (stochastic process)　さて，初期状態の後，1 回目のイベントで状態 2 か状態 3 に推移する．この推移は確率的であると考え，初期状態にある個体が次のイベントで状態空間 S の要素 1, 2, 3 のどれかを，それぞれ確率 p_{11}, p_{12}, p_{13} でとる確率変数 X_1 を導入する．すなわち，「骨髄移植」から確

率 p_{12} で $X_1 = 2$（血小板正常）に推移し，確率 p_{13} で $X_1 = 3$（再発又は死亡）に推移すると考える．「骨髄移植」から「骨髄移植」に推移することは想定されていないので $p_{11} = 0$ である．よって，$p_{12} + p_{13} = 1$ である．p_{11}，p_{12}，p_{13} を**推移確率 (transition probability)** という．

同様に 2 回目のイベントで状態空間 S の要素 1, 2, 3 をそれぞれ確率 p_{21}，p_{22}，p_{23} でとる確率変数 X_2 を導入する．特に，「血小板正常」から「骨髄移植」に推移することや「血小板正常」から「血小板正常」に推移することは想定されていないから $p_{21} = p_{22} = 0$, つまり $p_{23} = 1$ である．便宜的に初期状態を表す確率変数を X_0 で表す．初期状態は常に状態 1 であるとしているから，$P(X_0 = 1) = 1$ である．

一般に，n 番目のイベントで有限個の要素からなる状態空間 $S = \{1, 2, \ldots, J\}$ の要素を確率的にとる確率変数を X_n とするとき，この確率変数の系列 $X_0, X_1, \ldots, X_n, \ldots$ のことを**確率過程**という．このとき，n 番目のイベントで状態 $i \in S$ にいたものが次のイベントで状態 $j \in S$ に推移する推移確率 p_{ij} は条件付確率を用いて，次のように表される．

$$p_{ij} = P(X_{n+1} = j | X_n = i).$$

イベント生起までの時間 (time-to-event)　初期状態の時点を $T_0 = 0$ で表し，n 番目のイベントが生起する時点を T_n で表す．$T_{n+1} - T_n$ は，n 番目のイベントから $n+1$ 番目のイベントが生起するまでの待ち時間である．イベントはある一定の分布に従ってランダムに生起すると考える．

イベントヒストリーデータ　イベントヒストリーデータは X_n と T_n の組 $\{(X_n, T_n)\}$ の系列 $(X_0, T_0), (X_1, T_1), \ldots, (X_n, T_n), \ldots$ の実現値である．図 9.2 から明らかなように，「移植」→「血小板移植」→「再発又は死亡」と推

移した個体のイベントヒストリーデータは $(X_0,T_0),(X_1,T_1),(X_2,T_2)$ の実現値で表され,「移植」→「再発又は死亡」と推移した個体のイベントヒストリーデータは $(X_0,T_0),(X_1,T_1)$ の実現値として表される.

ハザード関数 図 9.2 において, 初期状態から状態 2 に推移するときのハザード関数 $\lambda_{12}(t)$, 初期状態から状態 3 に推移するときのハザード関数 $\lambda_{13}(t)$, 状態 2 から状態 3 に推移するときのハザード関数 $\lambda_{23}(t)$ はそれぞれ, 次のように与えられる.

$$\lambda_{12}(t) = \lim_{\Delta \to 0} \frac{1}{\Delta} P(T_1 \leq t + \Delta, X_1 = 2 | T_1 > t, X_0 = 1),$$
$$\lambda_{13}(t) = \lim_{\Delta \to 0} \frac{1}{\Delta} P(T_1 \leq t + \Delta, X_1 = 3 | T_1 > t, X_0 = 1),$$
$$\lambda_{23}(t) = \lim_{\Delta \to 0} \frac{1}{\Delta} P(T_2 \leq t + \Delta, X_2 = 3 | T_2 > t, X_1 = 2).$$

一般に, 状態 $i \in S$ から状態 $j \in S$ に推移するときのハザード関数は, 次のように定義される.

$$\lambda_{ij}(t) = \lim_{\Delta \to 0} \frac{1}{\Delta} P(T_{n+1} \leq t + \Delta, X_{n+1} = j | T_{n+1} > t, X_n = i),$$

ただし, $\lambda_{ij}(t)$ は n に依存しないことを仮定しておく. また, 状態 $i \in S$ から状態 $j \in S$ に推移するときの推移時間の確率密度関数 $f_{ij}(t)$, および生存率関数 $F_{ij}(t)$ は, 次のように定義される. これらの関数も n に依存しないと仮定しておく.

$$f_{ij}(t) = \lim_{\Delta \to 0} \frac{1}{\Delta} P(t < T_{n+1} \leq t + \Delta, X_{n+1} = j | X_n = i),$$
$$F_{ij}(t) = P(T_{n+1} > t, X_{n+1} = j | X_n = i)$$

注 9.1 生存時間分析でよく知られた関係式 (2.1.2.2 節 参照)

$$\lambda_{ij}(t) = \frac{f_{ij}(t)}{F_{ij}(t)}$$

は成り立たない.
$$F_i(t) = P(T_1 > t | X_n = i)$$
とおくとき, 関係式
$$F_i(t) = \sum_{j=1}^{J} F_{ij}(t)$$
が成り立つが, この $S_i(t)$ に対して
$$\lambda_{ij}(t) = \frac{f_{ij}(t)}{F_i(t)}$$
が成り立つ. つまり
$$f_{ij}(t) = \lambda_{ij}(t) F_i(t)$$
である. また, この式より次式が導かれる.
$$P(T_1 < t, X_{n+1} = j | X_n = i) = \int_0^t \lambda_{ij}(x) F_i(x) dx.$$

予後因子がある場合のモデリング p 個の予後因子 $z_1, z_2, \ldots, z_p$ があるとき, 生存時間解析における比例ハザードモデルと同様にハザード関数を, 次のようにモデル化する.
$$\lambda_{ij}(t|z) = \lambda_{ij0}(t) \exp(\beta_{ij1} z_1 + \cdots + \beta_{ijp} z_p), \tag{9.1}$$
ここに, β_{ijs} は推移 $i \to j$ における予後因子 z_s の影響の強さを示す未知パラメータで以下に示されるようにデータから推定される. また, $\lambda_{ij0}(t)$ は推移 $i \to j$ に関する未知のベースラインハザード関数である.

競合の下での観測値 図 9.2 において, 状態 1 から状態 2 または状態 3 への推移を考える. 状態 1 から状態 2 が生起するまでの待ち時間を W_{12}, 状態 1 から状態 3 が生起するまでの待ち時間を W_{13} で表す. 上の記号を用いると
$$\{W_{12} = t\} = \{T_1 = t, X_1 = 2 | X_0 = 1\},$$

$$\{W_{13}=t\} = \{T_1=t, X_1=3|X_0=1\}$$

である. ただし, 等号は事象として等しいという意味である. W_{12} と W_{13} は互いに独立であると仮定しておく.

上の同等性から, W_{ij} のハザード関数, 確率密度関数および生存率関数は, それぞれ $\lambda_{ij}(t), f_{ij}(t), F_{ij}(t)$ で与えられることに注意しておく.

さて, 時刻 0 で状態 1 から出発したある個体が状態 2 に時刻 t_{12} に到着したというデータが得られたということは, この個体は時刻 t_{12} までには状態 3 に到着していないということである. 他方, 時刻 0 で状態 1 から出発したある個体が状態 3 に時刻 t_{13} に到着したというデータが得られたということは, この個体は時刻 t_{13} までには状態 2 に到着していないということである. このように状態 1 から状態 2 または状態 3 に推移するとき, 先に推移した時間だけが記録される場合を**競合がある (competing)** という. つまり, W_{12} と W_{13} の間に競合があるとき, データとして得られるのは $T = \min(W_{12}, W_{13})$ の測定値である. 尤度を構成するときは, このような競合を考慮しなければいけない. t_{12} と t_{13} の尤度は, 次のようにして求めることができる.

t_{12} の尤度 状態 2 に時刻 t_{12} で到着したというデータが得られたとする. このとき t_{12} の尤度は, 次で与えられる.

$$\begin{aligned} P\{T=t_{12}, T=\min(W_{12},W_{13}), W_{12} \leq W_{13}\} &= P(W_{12}=t_{12}, W_{12}<W_{13}) \\ &= P(W_{12}=t_{12}, t_{12}<W_{13}) = P(W_{12}=t_{12})P(t_{12}<W_{13}) \\ &= f_{12}(t_{12})F_{13}(t_{12}). \end{aligned}$$

t_{13} の尤度 同様に, 状態 3 に時刻 t_{13} で到着する個体の尤度は, 次で与えられる.

$$P\{T = t_{13}, T = \min(W_{12}, W_{13}), W_{12} > W_{13}\} = f_{13}(t_{13})F_{12}(t_{13}).$$

打ち切りデータの尤度 また, 状態 2 にも状態 3 にも到着せず時刻 c で打ち切りとなったデータの尤度は, 次で与えられる.

$$\begin{aligned}P\bigl(T > c, T = \min(W_{12}, W_{13})\bigr) &= P(W_{12} > c, W_{13} > c) \\ &= F_{12}(c)F_{13}(c).\end{aligned}$$

9.3 尤度関数

尤度関数の構成において, 決定的な役割を果たすのが**セミマルコフ (semi-Markov) 性の仮定**と呼ばれる, 次の仮定である.

セミマルコフ性の仮定 任意の n, 任意の $w_i \in S$, および任意の $t_1, t_2, \ldots, t_n$ に対して, 次が成り立つ.

$$P(T_{n+1} - T_n \le t, X_{n+1} = w_{n+1} | X_0 = 1, T_0 = 0, X_1 = w_1, T_1 = t_1, \ldots,$$
$$X_n = w_n, T_n = t_n) = P(T_{n+1} - T_n \le t, X_{n+1} = w_{n+1} | X_n = w_n).$$

セミマルコフ性の仮定は, $n+1$ 番目のイベントは 1 番目のイベントから n 番目のイベントまでの様々なヒストリー (経歴) を得て生起するが, その確率は直前のイベントの状態 X_n にしか依存しないことを仮定している. 以下, セミマルコフ性を仮定して図 9.2 のデータに対して尤度関数を構成する.

状態 1 → 状態 2 → 状態 3 の尤度 図 9.2 において, 状態 1 → 状態 2 → 状態 3 と推移した個体の尤度を記述する. ただし, 測定された推移時点のデータ

9.3 尤度関数

は $T_1 = t_{121}, T_2 = t_{231}$ とする.この個体のデータは $X_0 = 1, T_0 = 0, X_1 = 2, T_1 = t_{121}, X_2 = 3, T_2 = t_{231}$ と表されるから,このデータを観測する確率密度関数を $P(X_1 = 2, T_1 = t_{121}, X_2 = 3, T_2 = t_{231}|X_0 = 1, T_0 = 0)$ で表す.条件 $X_0 = 1, T_0 = 0$ は $X_0 = 1, T_0 = 0$ から常にスタートしているのでわざわざ書く必要はないが,あとに続く展開との整合性を保つために付けた.

条件付き確率に関するチェインルール (chain rule) と呼ばれる定理によって,次が成り立つ.

$$P(X_1 = 2, T_1 = t_{121}, X_2 = 3, T_2 = t_{231}|X_0 = 1, T_0 = 0)$$
$$= P(X_1 = 2, T_1 = t_{121}|X_0 = 1, T_0 = 0)$$
$$P(X_2 = 3, T_2 = t_{231}|X_1 = 2, T_1 = t_{121}, X_0 = 1, T_0 = 0). \quad (9.2)$$

ところが,セミマルコフ性の仮定を適用すると,(9.2) 式右辺 2 番目の確率は

$$P(X_2 = 3, T_2 = t_{231}|X_1 = 2, T_1 = t_{121}, X_0 = 1, T_0 = 0)$$
$$= P(X_2 = 3, T_2 - T_1 = t_{231} - t_{121}|X_1 = 2, T_1 = t_{121}, X_0 = 1, T_0 = 0)$$
$$= P(X_2 = 3, T_2 - T_1 = t_{231} - t_{121}|X_1 = 2).$$

となり,同様に (9.2) 式の右辺 1 番目の確率は

$$P(X_1 = 2, T_1 = t_{121}|X_0 = 1, T_0 = 0) = P(X_1 = 2, T_1 - T_0 = t_{121}|X_0 = 1)$$

となるから,尤度関数は次のように表される.

$$L_1 = P(X_1 = 2, T_1 = t_{121}, X_2 = 3, T_2 = t_{231}|X_0 = 1, T_0 = 0)$$
$$= P(X_1 = 2, T_1 - T_0 = t_{121}|X_0 = 1)$$
$$P(X_2 = 3, T_2 - T_1 = t_{231} - t_{121}|X_1 = 2)$$
$$= f_{12}(t_{121})F_{13}(t_{121})f_{23}(t_{231} - t_{121}).$$

状態 1 → 状態 2 → 打ち切りの尤度 同様に $X_0 = 1, T_0 = 0$ から

$X_1 = 2, T_1 = t_{122}$ に推移し $X_2 = 3$ に向かう途中の時点 c_{231} で打ち切られた個体に対する尤度は，次のように与えられる．

$$\begin{aligned} L_2 &= P(X_1 = 2, T_1 = t_{122}, X_2 = 3, T_2 > c_{231} | X_0 = 1, T_0 = 0) \\ &= P(X_1 = 2, T_1 - T_0 = t_{122} | X_0 = 1) \\ &\quad P(X_2 = 3, T_2 - T_1 > c_{231} - t_{122} | X_1 = 2) \\ &= f_{12}(t_{122}) F_{13}(t_{122}) F_{23}(c_{231} - t_{122}). \end{aligned}$$

状態 1 → 状態 3 の尤度 $X_0 = 1, T_0 = 0$ から $X_1 = 3, T_1 = t_{13}$ に推移する個体の尤度は，同様にして次のように与えられる．

$$\begin{aligned} L_3 &= P(X_1 = 3, T_1 = t_{13} | X_0 = 1, T_0 = 0) \\ &= P(X_1 = 3, T_1 - T_0 = t_{13} | X_0 = 1) \\ &= f_{13}(t_{13}) F_{12}(t_{13}). \end{aligned}$$

状態 1 → 打ち切りの尤度 $X_0 = 1, T_0 = 0$ から $X_1 = 2$ または 3 に推移する前に時点 c_2 で打ち切られる個体の尤度は，すでに上で与えられたように次のようである．

$$L_4 = P\Big(T > c_2, T = \min(W_{12}, W_{13})\Big) = F_{12}(c_2) F_{13}(c_2).$$

上のことから，測定値 $t_{121}, t_{122}, t_{231}, t_{13}, c_{231}, c_2$ に対する尤度は

$$L = L_1 L_2 L_3 L_4 = L_{12} L_{13} L_{23},$$

ただし

$$L_{12} = f_{12}(t_{121}) f_{12}(t_{122}) F_{12}(t_{13}) F_{12}(c_2),$$

$$L_{13} = f_{13}(t_{13})F_{13}(t_{121})F_{13}(t_{122})F_{13}(c_2),$$
$$L_{23} = f_{23}(t_{231} - t_{121})F_{23}(c_{231} - t_{121}).$$

L_{12} は,状態 1 から状態 2 に推移するイベントが生起した時点を「死亡」とみなし,それ以外,すなわち状態 1 から状態 3 への推移および打ち切りを「打ち切り」とみなした通常の生存時間解析の尤度に他ならない.同様に,L_{13} は,状態 1 から状態 3 に推移するイベントが生起した時点を「死亡」とみなし,それ以外,すなわち状態 1 から状態 2 への推移および打ち切りを「打ち切り」とみなした通常の生存時間解析の尤度である.L_{23} も同様である.このことから次の重要な数学的事実が導かれる.

数学的事実 状態 i から状態 j への推移時間のハザード関数 $\lambda_{ij}(t)$ の統計的推測を行うには,状態 i が生起して次に状態 j が生起するまでの待ち時間データと,$i \to j$ 推移以外のイベントはすべて打ち切りとみなしたときの打ち切りまでの待ち時間データを用いて解析すればよい.いいかえれば,予後因子 z を取り込んだモデリング (9.1) 式におけるパラメータ β_{ij} の推定や検定は,データをこのようにみなして 5 章で学んだ回帰分析を適用すればよい.

第10章 イベントヒストリー解析の実例

前章例 10.1 で与えた欧州造血細胞移植登録 (European Blood and Marrow Trabsplant Registry) に登録された症例のうち, 1995～1998 年に骨髄移植を受け, 表 9.1 に記述された予後因子のすべてについて完全な情報をもつ 2204 症例を対象にしてイベントヒストリー解析を行う. この例は, プッタ等 (Putter, H., Fiocco, M. and Geskus, R.B.: *Statistics in Medicine 2007*, 26, 2389-2430) から引用した. データおよび解析ソフトは, プッタのホームページ

http://www.msbi.nl/dnn/SurvivalAnalysis/Multistate
/tabid/144/Default.aspx

からダウンロードして使用した.

10.1 データ

データは, 上述ホームページの embt.txt に置かれている. 表 10.1 にその一部を抜粋して与えた. 表中第 1 行の項目 paid, prtime, prstate, rfstime, rfsstate, dissub, age, drmach, tcd の意味は表 10.2 に与えている.

表 10.1 欧州造血細胞移植登録データ（一部抜粋）

paid	prtime	prstate	rfstime	rfsstate	dissub	age	drmach	tcd
1	1264	0	1264	0	1	1	0	0
2	22	1	995	0	1	1	0	0
3	25	0	25	1	2	2	0	0
4	29	1	422	1	1	1	0	0

表 10.2 表 10.1 第 1 行の意味

paid	こちらで与えた患者番号.
prtime	血小板正常までの時間(日数).
prstate	血小板が正常化したか否か (1:yes, 0:no).
rfstime	再発又は死亡が生起するまでの時間(日数).
rfsstate	再発又は死亡が生起したか否か (1:yes, 0:no).
dissub	疾病分類 (1:急性骨髄性白血病, 2:急性リンパ球性白血病, 3:慢性骨髄性白血病).
age	移植時の年齢 (1:≤ 20, 2:20-40, 3:> 40).
drmach	性のミスマッチがあったか (0:ミスマッチなし, 1:ミスマッチあり),
tcd	GvHD 予防に関して T セルの削除があったか否か (1: 削除あり, 0:削除なし).

表 10.1 を見てみよう. 個体番号 1 の患者は, イベントをまったく起こさず 1264 日目に打ち切りとなったことを示している. 個体番号 2 の患者は, 22 日目に血小板正常となり 995 日目に打ち切りとなったことを示している. 個体番号 3 の患者は血小板正常とならずに 25 日目に再発又は死亡となったことを示している. 個体番号 4 の患者は, 29 日目に血小板正常となり, その後 422 目に再発又は死亡となったことを示している.

イベントヒストリー解析の第一歩は, 表 10.1 のデータを表 10.3 のようなデータ形式に書きかえることである. 表中の time は, time=stop−start を表し status=1 は「生存時間」, status=0 は「打ち切り」を表す. 予後因子は余白がないため表から省いている. なお, 表の書きかえは解析ソフト section4R.txt のコンピュータプログラムに内蔵されている.

状態 1 から状態 2 へのハザード関数の推測

状態 1 (骨髄移植) から状態 2 (血小板正常) へのハザード関数 λ_{12} の推測を行うには, 表 10.3 のようなデータ表現形式から状態 1 から状態 2 に推移するものを抜き出して 5 章で述べた回帰分析を適用すればよい. 他の状態からの推移のハザード関数の推測も同様である. 表 10.4 に表 10.3 から抜き出し

表 10.3 解析のための表 10.1 データの表現

paid	start	stop	status	from	to	推移	time
1	0	1264	0	1	2	1→2	1264
1	0	1264	0	1	3	1→3	1264
2	0	22	1	1	2	1→2	22
2	0	22	0	1	3	1→3	22
2	22	995	1	2	3	2→3	973
3	0	25	0	1	2	1→2	25
3	0	25	1	1	3	1→3	25
4	0	29	1	1	2	1→2	29
4	0	29	0	1	3	1→3	29
4	29	744	1	2	3	2→3	715

た, 状態 1 から状態 2 への推移を与えた. status=1 である個体番号 2 と 4 が「生存時間」, status=0 である個体番号 1 と 3 が打ち切りデータである. 右端の time の数値を「生存」時間および「打ち切り」時間として比例ハザードモデルを適用する.

表 10.4 表 10.3 から抜き出した状態 1 から状態 2 への推移

paid	start	stop	status	from	to	推移	time
1	0	1264	0	1	2	1→2	1264
2	0	22	1	1	2	1→2	22
3	0	25	0	1	2	1→2	25
4	0	29	1	1	2	1→2	29

10.2 解析結果

欧州造血細胞移植登録データをイベントヒストリー解析した結果を表 10.5 に与えた. 表より, 次のことが導かれる.

- 慢性骨髄性白血病の患者は, 急性骨髄性白血病患者と比べて移植後の血小板正常化率が有意に低い ($p<0.0001$). また, 血小板正常化後の再発又は死亡の比率も急性骨髄性白血病患者と比べて有意に高い ($p=0.035$)

表 10.5 欧州造血細胞移植登録データ: 解析結果

		β の推定値 (SE)	p 値
移植 → 血小板正常			
疾病分類	急性骨髄性白血病		
	急性リンパ球性白血病	−0.044 (0.078)	0.58
	慢性骨髄性白血病	−0.297 (0.068)	<0.0001
移植時年齢	≤ 20		
	> 20 & ≤ 40	−0.165 (0.079)	0.037
	> 40	−0.090 (0.086)	0.30
ドナー vs. 受信者	性のミスマッチなし		
	性のミスマッチあり	0.046 (0.067)	0.49
GvHD 予防	T セル削除なし		
	T セル削除あり	0.429 (0.080)	<0.0001
移植 → 再発又は死亡			
疾病分類	急性骨髄性白血病		
	急性リンパ球性白血病	0.256 (0.135)	0.058
	慢性骨髄性白血病	0.017 (0.108)	0.88
移植時年齢	≤ 20		
	> 20 & ≤ 40	0.255 (0.151)	0.091
	> 40	0.526 (0.158)	0.0009
ドナー vs. 受信者	性のミスマッチなし		
	性のミスマッチあり	−0.075 (0.110)	0.50
GvHD 予防	T セル削除なし		
	T セル削除あり	0.297 (0.150)	0.048
血小板正常 → 再発又は死亡			
疾病分類	急性骨髄性白血病		
	急性リンパ球性白血病	0.136 (0.148)	0.36
	慢性骨髄性白血病	0.247 (0.117)	0.035
移植時年齢	≤ 20		
	> 20 & ≤ 40	0.062 (0.153)	0.69
	> 40	0.581 (0160)	0.0003
ドナー vs. 受信者	性のミスマッチなし		
	性のミスマッチあり	0.173 (0.115)	0.13
GvHD 予防	T セル削除なし		
	T セル削除あり	0.201 (0.126)	0.11

- T セル削除の患者は，T セル非削除の患者と比べて移植後の血小板正常化率が有意に高い (p<0.0001).
- 40 歳以上の患者は，20 歳以下の患者と比べて移植後の再発又は死亡の比率が有意に高い (p=0.0009). また，血小板正常となった後の再発又は死亡の比率も 20 歳以下の患者と比べて有意に高い (p=0.0003).
- 20～40 歳の患者は 20 歳以下の患者と比べて移植後の血小板正常化率が有意に低い (p=0.037).

10.3 解析ソフト

上述のように，解析ソフトは，プッタのホームページ
　　　http://www.msbi.nl/dnn/SurvivalAnalysis/Multistate
　　　　　　　　　　　　　/tabid/144/Default.aspx
からダウンロードして使用した．このソフトはフリー統計ソフト R でプログラム化されており，使用するためには，まず R をインターネットからダウンロードしなければならない．

10.3.1 統計ソフト R

R の説明やインストールについては
　　　http://www.okada.jp.org/RWiki/
に詳しい解説が与えてある．統計ソフト R のダウンロードは，このホームページの「R のインストール」の指示に従って行えばよい．

10.3.2 データおよび解析ソフト

上記プッタ等のホームページには，「File」のコーナーがあり EBMT data, Section4.R., Mstate.R などのファイルが列挙されている．「DOWNROAD」をクリックし，「保存」を選択して，ダウンロードしたいファイルを選択し「保存」をクリックする．イベントヒストリーデータのソフトを動かすには，次の

三つのファイルを同一のフォルダ上にダウンロードしておく必要がある．

  EBMT data: 欧州造血細胞移植登録 (EBMT) データファイル
  Section4.R: イベントヒストリー解析ソフト
  Mstate.R: 生存時間解析を行うための関数ソフト

ここでは，説明を簡単にするため R, EBMT data, Section4.R, Mstate.R の四つのソフトをディスクトップに保存したこととして解説を進める．

- R をクリック ⟶ RConsole が開く ⟶ 左上窓の「file」をクリック ⟶「スクリプトを開く」をクリック ⟶「ファイルの場所」を「ディスクトップ」に指定 ⟶ ディスクトップのファイルのリストの中から Section4.R を選択 ⟶「開く」をクリックすると R エディタに Section4.R が取り込まれる．

- R エディタに取り込まれた Section4.R のコメントを除く 2 行目に source("msstate.R") があるのでこの上をマウス左ボタンを押しながらなぞり色を転換（アクチベート）させておいて RConsole の上窓の「編集」を開く．中に「カーソル行または選択中の R コードを実行」があるので，これをクリックすると RConsole に msateR が取り込まれる．

- Section4.R のコメントを除く 3 行目に

  embt<-read.table("embt.txt", header=TRUE,sep="\t")

があるのでこの行を上と同様にアクティベートさせておき RConsole の「編集」から「カーソル行または選択中の R コードを実行」をクリックする．EBMTdata ファイルからデータが読み込まれる．

 注）　PC によっては上の操作でエラーが出る場合がある．このときは "embt.txt" の前に ebmt.txt が置かれた場所を記述しておくとよい．このとき，/ではなく//で区切りをつけておくことが重要である．

 例）　"C:\\ 教授室 \\ デスクトップ \\ ebmt.txt"

- RConsole の「編集」から「すべて実行」をクリックすると表 9.1 および表 10.5 に与えた解析結果がアウトプットされる．この計算は，結果が出るま

で相当時間がかかる．解析ソフトやデータがうまむ取り込まれ，解析が出来ることを確認するだけのためならSection4.Rのコメントを除く4行目から9行目までをアクティベートさせておき，RConsoleの「編集」から「カーソル行または選択中のRコードを実行」をクリックすればよい．表9.1の結果だけがアウトプットされる．

- 手持ちのデータを解析するには，データをEBMTデータと置き換えればよい．

巻末付録

110 例の肝硬変症データ．データ項目が多いので，1 症例分のデータが 2 ページにまたがっている．

症例番号	性	年齢	腹水の有無	食道静脈瘤の有無	成因	肝シンチグラフィー	肝性脳症	GOT	GPT
001	1	33	1	2	1	3	1	85	29
002	1	47	1	2	1	3	1	282	127
003	1	40	1		1	2	1	123	36
004	1	56	1	1	1	2	2	204	58
005	1	59	1	2	1	2	1	130	62
006	1	40	1	2	1	2	1	73	19
007	1	53	1	2	1	3	2	140	39
008	1	54	2	1	1		1	216	75
009	1	35	1	1	1	2	1	53	47
010	1	62	1	2	1	3	2	300	78
011	1	39	1	1	1	2	1	160	48
012	1	40	1	1	1	2	1	122	119
013	1	62	2	1	1	2	1	35	22
014	1	57	1	1	1	3	1	104	147
015	1	45	1	1	1	2	1	73	43
016	1	54	2	2	1	4	1	122	102
017	1	60	2	2	1	2	1	166	70
018	1	49	1	1	1	1	1	105	105
019	1	41	2	2	1	2	1	72	55
020	1	73	2	1	1	3	1	95	46
021	1	42	1	1	1	4	1	93	58
022	1	65	1	1	1	3	1	112	68
023	1	49	2	2	1	3	1	65	17
024	1	40	1	1	1	2	1	122	127
025	1	33	1	1	1	2	1	40	18
026	1	40	1	1	1	3	1	50	43
027	1	59	1	1	1	2	1	85	67
028	1	46	2	2	1	4	1	102	85
029	1	54	2	2	1	2	1	100	75
030	1	55	1	1	1	1	1	45	21
031	1	62	1	2	1	2	2	165	115
032	1	71	1	1	1	3	1	60	45
033	1	57	1	1	1	2	1	98	35
034	1	47	1	1	1	3	1	210	180
035	1	40	1	2	1	3	1	125	110
036	1	51	1	2	1	3	1	163	138
037	1	51	1	1	1	3	2	207	117
038	1	48	1	1	1		1	95	90
039	1	51	2	1	1	2	1	30	10
040	1	52	2	1	1	1	1	54	47
041	1	46	1	2	1	2	1	90	60
042	1	53	1	1	1	3	1	54	34
043	1	56	1	1	1	2	1	194	132
044	1	66	2	2	1		1	117	25
045	1	52	2	2	1		1	37	29
046	1	45	1	2	1		1	122	142

症例番号	GOT/GPT	ALP	LDH	Alb	G-gl	T-Bil	T-cho	死因	転帰	生存期間
001	2.93	109	146	3.4	2.8	3.1	124	1	1	2276
002	2.22	212	198	3.8	2.4	2.0	189	1	1	2488
003	3.42	134	259	3.5	2.1	2.3	175	2	1	212
004	3.52	280	319	3.0	2.8	4.8	130	0	0	309
005	2.10	54	250	4.6	2.8	1.3	150	2	1	2319
006	3.84	85	155	3.1	2.0	1.5	105	2	1	1467
007	3.59	75	170	4.1	2.3	1.1	130	0	0	1126
008	2.88	210	360	3.6	1.3	7.8	182	4	1	5
009	1.13	156	196	3.5	2.0	0.9	160	0	0	3830
010	3.85	256	346	3.3	2.4	2.5	146	0	0	3856
011	3.33	108	143	4.4	1.7	0.7	150	0	0	3776
012	1.03	148	180	4.8	1.7	2.2	168	0	0	1786
013	1.60	90	235	4.2	2.1	1.2	160	4	1	65
014	0.71	88	155	4.4	1.1	1.0	197	1	1	2227
015	1.70	80	260	4.5	1.3	0.9	173	0	0	3569
016	1.20	184	190	2.4	4.5	12.9	150	2	1	185
017	2.37	154	220	3.5	3.2	1.4	160	4	1	252
018	1.00	76	185	4.3	1.0	0.7	135	0	0	3503
019	1.31	230	255	3.0	1.9	2.1	125	0	0	2005
020	2.07	265	460	2.3	2.2	1.5	113	4	1	53
021	1.60	150	230	3.0	2.0	3.6	125	3	1	2480
022	1.65	143	236	3.1	4.6	2.6	146	2	1	2050
023	3.82	150	172	3.2	3.8	3.0	142	2	1	46
024	0.96	95	160	4.8	1.3	1.6	217	0	0	3289
025	2.22	81	155	4.2	2.0	0.5	156	0	0	3232
026	1.16	125	265	4.1	1.8	2.2	145	2	1	425
027	1.27	140	180	3.1	2.9	1.3	145	0	0	1957
028	1.20	100	140	3.0	1.9	3.5	140	1	1	108
029	1.33	105	195	2.9	2.8	1.2	90	0	0	2626
030	2.14	150	140	3.9	2.3	1.4	160	0	0	2439
031	1.43	152	170	3.6	2.6	1.1	250	3	1	1951
032	1.33	122	150	4.2	1.7	0.6	151	3	1	341
033	2.80	205	245	2.9	2.8	3.5	155	3	1	1821
034	1.16	203	150	4.3	2.0	2.2	190	0	0	2320
035	1.14	45	175	4.1	2.4	1.5	205	0	0	2222
036	1.18	95	205	4.0	2.1	1.4	165	0	0	2185
037	1.77	115	305	3.2	1.5	1.0	97	1	1	1524
038	1.06	140	205	3.3	1.6	3.8	100	1	1	91
039	3.00	80	125	3.8	1.8	0.9	90	4	1	391
040	1.15	97	120	4.4	0.9	0.7	175	0	0	1886
041	1.50	153	160	4.5	1.1	1.9	153	0	0	1753
042	1.59	135	147	4.2	1.5	1.5	125	0	0	1668
043	1.47	150	185	4.0	1.7	2.0	110	3	1	1193
044	4.68	250	600	3.2	2.8	2.0	227	4	1	52
045	1.28	233	241	3.8	2.6	1.3	63	0	0	1295
046	0.86	163	216	3.6	3.2	1.8	110	0	0	1249

症例番号	性	年齢	腹水の有無	食道静脈瘤の有無	成因	肝シンチグラフィー	肝性脳症	GOT	GPT
047	1	56	1	2	1	1	1	73	154
048	1	59	2	1	1	2	1	127	153
049	1	62	2	1	1	2	1	132	68
050	1	46	1	2	1	2	1	83	52
051	2	44	1	1	1	2	1	165	140
052	1	15	1	1	2	2	1	150	97
053	1	42	1	2	2	2	1	135	48
054	1	52	2	1	2		1	125	120
055	1	35	1	1	2	2	1	648	936
056	1	33	1	1	2	1	1	240	490
057	1	29	1	1	2	4	1	45	30
058	1	50	2	1	2	4	1	405	275
059	1	28	1	1	2	1	1	50	55
060	1	54	1	2	2	3	1	188	115
061	1	63	2	1	2	3	1	60	100
062	1	67	1	1	2	2	1	218	164
063	1	53	1	1	2	2	1	175	155
064	1	55	1	1	2	2	1	168	125
065	1	34	1	1	2		1	167	275
066	1	47	1	1	2	2	1	69	61
067	1	62	2	2	2	4	1	50	50
068	1	75	2	2	2	2	1	56	36
069	1	46	2	1	2	4	1	156	107
070	1	58	2	2	2	3	1	75	58
071	1	37	1	1	2	2	1	95	149
072	1	48	2	2	2		1	113	68
073	1	53	1	2	2	3	2	220	167
074	1	27	1	1	2	2	1	71	84
075	1	60	2	1	2	2	1	127	252
076	1	55	1	1	2	2	1	94	210
077	1	55	2	2	2	2	1	73	53
078	2	54	1	1	2	3	1	142	157
079	2	40	1	1	2	2	1	520	253
080	2	77	2	1	2	3	1	56	30
081	2	30	1	1	2	4	1	42	35
082	2	26	2	2	2	2	1	48	42
083	2	27	1	1	2	2	1	360	235
084	2	41	2	2	2	2	1	95	80
085	2	44	1	1	2	2	1	54	49
086	2	51	2	2	2	3	1	57	43
087	1	58	2	1	4	3	1	72	20
088	1	40	1	2	4	4	1	60	23
089	1	61	1	2	4	3	1	144	48
090	1	48	1	1	4	2	1	65	48
091	1	55	1	2	4	3	1	155	155
092	1	66	1	2	4	3	1	120	130
093	1	44	1	2	4	3	1	225	120
094	1	45	2	1	4		2	86	86
095	2	52	1	1	4	2	1	170	180
096	2	50	2	2	4		1	40	40
097	2	54	1	2	4	2	1	50	84
098	1	79	1	1	4	2	1	56	58
099	1	40	2	2	4		1	79	76
100	1	66	2	1	4	3	1	115	65
101	1	64	1	1	4	2	1	251	214
102	1	51	1	1	4	2	1	105	100
103	1	48	1	2	4	3	1	125	85
104	1	55	1	1	4	2	1	35	31
105	2	47	1	1	4	3	1	97	36
106	2	39	2	1	4		1	128	82
107	2	57	2	2	4	4	1	70	33
108	2	61	1	2	4	2	1	55	52
109	1	48	1	1	4	3	1	55	43
110	1	49	2	1	4	2	1	33	22

症例番号	GOT/GPT	ALP	LDH	Alb	G-gl	T-Bil	T-cho	死因	転帰	生存期間
047	0.47	72	179	4.1	2.0	0.4	162	0	0	1206
048	0.83	124	300	3.6	2.0	1.5	165	0	0	1141
049	1.94	134	500	2.8	1.2	1.8	180	0	0	1164
050	1.60	223	174	4.5	2.1	3.7	167	1	1	351
051	1.18	200	260	3.2	2.3	2.7	180	1	1	164
052	1.55	60	230	4.0	1.5	1.1	180	0	0	4322
053	2.81	160	168	3.8	1.8	3.4	119	0	0	4164
054	1.04	147	151	3.4	2.6	22.5	210	1	1	9
055	0.69	110	205	4.1	2.1	1.5	205	0	0	3272
056	0.49	95	135	4.6	1.6	0.8	165	0	0	3095
057	1.50	145	115	3.5	2.1	2.7	135	1	1	385
058	1.47	205	290	2.6	4.2	6.3	150	1	1	20
059	0.91	65	150	4.3	2.0	0.9	180	0	0	2750
060	1.63	88	195	2.6	2.4	2.5	170	3	1	2331
061	0.60	160	210	2.8	3.0	1.0	150	1	1	1439
062	1.33	105	309	4.3	2.3	1.0	185	4	1	199
063	1.13	150	205	3.7	2.0	1.1	205	1	1	1051
064	1.34	101	170	4.1	1.6	1.1	215	1	1	1104
065	0.61	80	100	3.8	2.0	1.0	188	0	0	2634
066	1.13	72	128	3.9	2.2	0.6	187	0	0	2390
067	1.00	65	255	3.3	2.3	2.0	200	3	1	975
068	1.56	172	190	2.6	2.4	0.6	175	1	1	50
069	1.46	280	225	2.9	1.9	4.2	200	1	1	473
070	1.29	135	245	3.1	2.2	1.0	145	3	1	1134
071	0.64	75	175	4.7	1.8	0.5	155	0	0	1759
072	1.66	125	250	3.5	1.8	1.3	100	0	0	1534
073	1.32	198	205	3.1	1.8	2.3	170	0	0	1487
074	0.85	168	161	3.7	2.4	1.0	137	0	0	1452
075	0.50	151	213	3.3	1.4	1.0	170	0	0	1312
076	0.45	117	208	3.6	2.3	1.4	254	0	0	1092
077	1.38	164	276	3.2	1.8	1.6	192	0	0	960
078	0.90	174	160	3.8	2.6	0.7	180	0	0	3419
079	2.06	83	265	2.9	2.3	1.2	210	0	0	3312
080	1.87	139	175	2.5	4.6	2.4	100	1	1	202
081	1.20	120	165	3.9	1.7	1.0	208	0	0	1684
082	1.14	140	135	3.6	1.9	1.5	138	0	0	1802
083	1.53	132	190	4.0	2.4	1.1	263	0	0	1906
084	1.19	95	200	3.9	2.2	0.8	110	0	0	1682
085	1.10	99	161	3.8	2.2	0.5	131	0	0	1178
086	1.33	94	323	2.1	2.8	2.4	152	2	1	69
087	3.60	177	310	2.3	2.7	1.1	87	2	1	881
088	2.61	152	235	4.2	2.1	2.0	175	1	1	710
089	3.00	90	235	3.3	2.7	1.2	120	1	1	828
090	1.35	95	180	2.9	2.9	1.9	165	3	1	1120
091	1.00	245	245	3.8	1.9	1.7	223	2	1	759
092	0.92	113	160	3.3	3.4	2.0	185	2	1	1229
093	1.88	90	240	2.6	2.8	2.5	110	0	0	2031
094	1.00	170	160	1.3	4.1	2.6	55	1	1	2
095	0.94	68	345	1.8	4.9	1.7	141	1	1	600
096	1.00	215	300	3.8	1.8	2.8	210	2	1	157
097	0.60	103	187	4.3	1.8	0.6	114	0	0	1374
098	0.97	72	168	4.2	1.9	1.3	130	0	0	3405
099	1.04	172	150	3.2	2.1	1.2	165	1	1	989
100	1.77	117	220	3.4	2.8	1.0	200	1	1	572
101	1.17	121	225	2.8	1.2	0.2	285	4	1	1161
102	1.05	145	160	3.6	1.7	0.6	100	0	0	558
103	1.47	157	165	3.6	3.0	1.7	140	3	1	927
104	1.13	117	192	4.4	2.1	0.9	210	0	0	1122
105	2.69	105	202	3.7	3.6	0.6	152	0	0	4175
106	1.56	819	285	5.0	1.9	1.2	155	0	0	3629
107	2.12	153	285	3.4	2.0	2.9	133	3	1	703
108	1.06	197	180	3.3	1.2	0.3	180	1	1	414
109	1.28	167	185	2.5	2.9	2.0	120	3	1	1398
110	1.50	149	272	3.0	1.2	0.8	103	4	1	61

索　引

アルファベット

Cox の比例ハザードモデル (Cox's
　proportional hazards model)　　7
Cox モデル　　7
Kaplan-Meier 法（累積法）　　30
Kaplan-Meier 法（Kaplan-Meier
　estimate もしくは product limit
　estimate)　　6
Newton-Raphson 法　　76
nQuery Advisor　　103
Peto-Prentice 検定
　(Peto-Prentice test)　　7
Tarone-Ware 検定　　46

あ行

位置パラメータ
　(location parameter)　　65
一致推定量 (consistent estimator)　　75
一般化 Wilcoxon 検定 (generalized
　Wilcoxon test)　　5, 39, 46
イベント (event)　　1
イベントヒストリー解析
　(event history analysis)　　143
打ち切り時間
　(censored survival time)　　1
打ち切り例 (censored case)　　1
折れ線 Cox 回帰法 (piecewise linear
　Cox regression method)　　136
折れ線ハザードモデル (piecewise
　linear hazards model)　　134

か行

確率過程 (stochastic process)　　145
確率密度関数 (probability density
　function :pdf)　　17
加速型生存時間モデル (accecterated
　survival time model)　　72
期待生存余命
　(expected residual life)　　20
競合がある (competing)　　149
競合リスク要因 (competing risks)　　121
共変量 (covariates)　　55
極値分布
　(extreme value distribution)　　62
均一な母集団
　(homogeneous population)　　60
検出力 (power)　　99, 100
検出力 (statistical power)　　50

さ行

最大尤度推定量 (maximum likelihood
　estimator)　　75
最尤推定値 (maximum likelihood
　estimate)　　75
最尤推定法 (maximum likelihood
　esimation)　　59
時間依存型共変量 (time-dependent
　covariate)　　90
指数モデル (exponential model)　　60
シミュレーション研究 (sumulation
　study)　　63
状態 (state)　　145
状態空間 (state space)　　145

初期状態 (initial state) 145
信頼区間 (confidence interval) 33
推移確率 (transition probability) 146
スケールパラメータ
 (scale parameter) 65
スコア統計量 (score statistic) 74
生存時間（survival time もしくは time to event） 1
生存時間の中央値 (median survival time) 32
生存率関数 (survivor function) 17
生存率曲線 (survival curve) 5
生命表法 (life table method) 34
セミマルコフ (semi-Markov) 性の仮定 150
漸近分散 (asymptotic variance) 33
センサリング・メカニズム
 (censoring mechanism) 55
全死亡に基づく生存率
 (overall survival rate) 122
全尤度関数 (full likelihood function) 72
層別因子 (stratified factor) 50
層別比例ハザードモデル (stratified proportional hazrds model) 72
層別ログランク検定
 (stratified log-rank test) 50

た行

対数正規モデル (log-normal model) 66
タイプIIセンサリング
 (Type II censoring) 56
タイプIセンサリング
 (Type I censoring) 56
単一因子解析 (univariate analysis) 41
中央値 (median survival time) 5
追跡不能例 (lost to followup) 6
特定のリスク要因に関するイベント無発生率 (cause-specific event free survival) 122
独立センサリング
 (independent censoring) 57

は行

ハザード（hazard, 瞬間死亡率） 7
ハザード関数 (hazard function) 17
ハザード比 (hazard ratio) 82
パラメトリックモデル
 (parametric model) 79
評価尺度 (endpoint) 2
標準誤差 (standard error) 51
比例ハザード性 (proportionality) 82
比例ハザードモデル (proportional hazards model) 71, 79
不均一な集団 (heterogeneous population) 69
不均等 (baseline imbalance) 137
不均等 (imbalance) 50
不均等指数 (standardized imbalanced index) 139
部分尤度 (partial linkeihood) 83
部分尤度関数 (partial likelihood function) 72, 82
ベースライン生存率関数
 (baseline survival function) 80
ベースラインハザード関数
 (baseline hazard function) 80

ま行

モデルの適合性 (goodness-of-fit) 61

や行

尤度関数 (likelihood function) 35
尤度比統計量
 (likelihood ratio estimator) 76
予後指数 (prognostic index) 80

ら行

ランダム・センサリング
 (random censoring) 56

離散型比例ハザードモデル (discrete
　　proportional hazards model)　74
離散型モデル
　　(discrete survival time model)　73
リスク集合 (risk set)　27
ログランク検定 (log-rank test)　5
ログランク検定 (log-rank test または，
　　savage test)　40

わ行

ワイブルモデル (Weibull model)　64
ワルド検定 (Wald test)　91

著者略歴

赤澤　宏平（あかざわ　こうへい）
1985 年　早稲田大学大学院理工学研究科数学専攻前期博士課程修了
1985 年　九州大学医学部附属病院腫瘍センター助手
同　年　九州大学医学部附属病院医療情報部助手（兼任）
1993 年　博士（医学）取得（九州大学）
1994 年　九州大学医学部附属病院腫瘍センター講師　同医療情報部講師（兼任）
1995 年　米国サウスカロライナ大学ポストドクトラル・フェロー
1996 年　九州大学医学部附属病院腫瘍センター講師　同医療情報部講師（兼任）
1999 年　新潟大学医学部附属病院医療情報部教授
2002 年　新潟大学医歯学総合病院医療情報部教授
　　　　現在に至る

主な著作は以下の通り

『Statistics for the Environment 4』（Wiley, 1999）
『統計科学の最前線』（九州大学出版会, 2003）
『医学大辞典』（医学書院, 2003）
『Chromosome Nanoscience and Technology』（CRC Press, 2006）
『医学統計学の事典』（朝倉書店, 2010 発刊予定）

柳川　堯（やながわ　たかし）
1966 年　九州大学大学院理学研究科修士課程（統計数学）修了
1970 年　同校 理学博士
1975 年　オーストラリア CSIRO 上級研究員
1977 年　米国立がん研究所客員研究員
1981 年　米国立環境健康科学研究所客員研究員
1982 年　ノースカロライナ大学準教授
1992 年　九州大学教授
1993 年　国際統計教育センター（インド）客員教授
1996 年　九州大学大学院（数理学研究院）教授を歴任
2004 年　久留米大学バイオ統計センター 教授
　　　　現在に至る

主な著作は以下の通り

『統計科学の最前線』（九州大学出版会, 2003）
『環境と健康データ：リスク評価のデータサイエンス』（共立出版, 2002）
『臨床医学のためのバイオ統計学』（共訳, サイエンティスト社, 1995 ）
『統計数学』（近代科学社, 1990）

バイオ統計シリーズ 3
サバイバルデータの解析
—— 生存時間とイベントヒストリデータ ——

ⓒ 2010 Kouhei Akazawa & Takashi Yanagawa
Printed in Japan

2010 年 7 月 31 日　初版第一刷発行

著　者　　赤　澤　宏　平
　　　　　柳　川　　　堯

発行者　　千　葉　秀　一

発行所　　株式会社　近代科学社

〒 162-0843　東京都新宿区市谷田町 2-7-15
電　話　03(3260)6161　振　替　00160-5-7625
http://www.kindaikagaku.co.jp

藤原印刷

ISBN978-4-7649-0390-6
定価はカバーに表示してあります．

【本書のPOD化にあたって】

近代科学社がこれまでに刊行した書籍の中には、すでに入手が難しくなっているものがあります。それらを、お客様が読みたいときにご要望に即してご提供するサービス/手法が、プリント・オンデマンド（POD）です。本書は奥付記載の発行日に刊行した書籍を底本としてPODで印刷・製本したものです。本書の制作にあたっては、底本が作られるに至った経緯を尊重し、内容の改修や編集をせず刊行当時の情報のままとしました（ただし、弊社サポートページ https://www.kindaikagaku.co.jp/support.htm にて正誤表を公開/更新している書籍もございますのでご確認ください）。本書を通じてお気づきの点がございましたら、以下のお問合せ先までご一報くださいますようお願い申し上げます。

お問合せ先：reader@kindaikagaku.co.jp

Printed in Japan
POD 開始日　2020 年 3 月 31 日
発　　　　行　　株式会社近代科学社
印刷・製本　　京葉流通倉庫株式会社

・本書の複製権・翻訳権・譲渡権は株式会社近代科学社が保有します。
・ JCOPY ＜(社) 出版者著作権管理機構 委託出版物＞
本書の無断複写は著作権法上での例外を除き禁じられています。
複写される場合は，そのつど事前に（社）出版者著作権管理機構
(https://www.jcopy.or.jp, e-mail: info@jcopy.or.jp) の許諾を得てください。